우연한
풍경은 없다

우연한
풍경은 없다

어느 조경가와 공공미술가의 도시 탐구

초판 1쇄 펴낸날 _ 2011년 6월 24일
초판 2쇄 펴낸날 _ 2012년 7월 24일
글쓴이 _ 김연금 ‖ 그린이 _ 유다희
펴낸이 _ 신현주 ‖ 펴낸곳 _ 나무도시
신고일 _ 2006년 1월 24일 ‖ 신고번호 _ 제396-2010-000140호
주소 _ 경기도 고양시 일산동구 장항동 733 한강세이프빌 201-4호
전화 _ 031.915.3803 ‖ 팩스 _ 031.916.3803 ‖ 전자우편 _ namudosi@chol.com
필름출력 _ 한결그래픽스 ‖ 인쇄 _ 백산하이테크

정가 15,000원

우연한
풍경은 없다

어느 조경가와 공공미술가의 도시 탐구

글 김연금, 그림 유다희

나무도시

별 생각 없이 매일 스치는 풍경, 그 앞에 문득 서보자.

그리고 말을 건네 보자. 오늘 하루 어땠냐고.

좀 생뚱맞은 질문도 던져보자.

당신이 품고 있는 이야기는 무엇이냐고.

갑작스런 질문에 처음엔 서로 좀 어색하겠지만,

곧 많은 이야기를 들을 수 있을 것이다.

우연인 듯하나, 절대 그렇지 않은,

삶의 필연성이 빚어낸 풍경이니까.

책을 펴내며

춤을 추며 하늘로 하늘로 향하는 산동네의 계단,
동네 정자에서 마늘을 까시기도 하고 식사도 하시는 할머니들,
재래시장 파라솔 아래에서 갑작스레 만나게 되는 빛의 향연!

도시에서 우연히 만나게 되는 풍경들이다. 그런데 만남은 우연일지 몰라도, 풍경 자체는 우연일 수 없다. 우리네 이웃들의 삶에서 비롯된 어떤 필연성이 종으로 횡으로 직조되어 그려낸 것들이다. 리듬감 있는 산동네 계단은 서울이라는 대도시에서 살아남고자 했던 이들이 빚어낸 삶의 결이고, 할머니들의 잠재적 에너지는 평범한 정자를 일터로, 식당으로 변신시켰다. 또 태양 빛을 가리려는 상인들의 고군분투가 시장 길을 빛의 길로 만들어냈다.

이렇듯, 우리네 이웃들은 행정가와 전문가가 속도, 효율, 기능이라는 키워드로 기획한 개념도시를 자신들의 생활에 맞게 재구성하고 가꾸고 있다. 그리고 우리는 이를 문화라 부를 수 있다. 우리 이웃들의 자생적인 문화, 생명력 넘치는 문화. 그래서 우연히 만난 풍경을 무심히 지나칠 게 아니라 그 앞에 서서 거기에 깃든 이야기에 주목한다면, 그들의 도시에 대한 이해와 요구를 읽어낼 수 있을 것이다. 또 덤으로 미래의 풍경을 기획하고 조성하는 일을 풍부하게 해줄 상상

력의 단초를 찾을 수도 있을 것이다. 그런 바람으로 조경가 김연금과 공공미술가 유다회는 여러 일상의 풍경을 관찰하고 말을 걸며 열다섯 가지 이야기를 모았다.

열다섯 가지 이야기는 세 부분으로 나뉜다.
풍경 자체가 주인공이 되는 이야기,
풍경 속 우리 이웃들을 주인공으로 하는 이야기,
풍경에 우리 이웃들이 숨겨 놓은 이야기!

첫 번째 풍경이 주인공이 되는 이야기에는 옥수동, 태국의 빠이, 인사동의 풍경이 해당된다. 이 세 곳은 모두 제 나름의 특색이 있다. 길고 가파른 계단, 세계인들의 멍 때리기, 전통문화의 거리라는 별칭. 그런데 무엇이 이 세 곳의 특색을 만들었을까? 그 비밀을 파헤칠 수 있을까? 오묘한 원리를 찾아낼 수 있을까? 이 글들은 이에 대한 시도다. 그리고 옥수동에서는 삶에 대한 투지를, 빠이에서는 글로벌 시대의 장소성 형성의 과정을, 인사동에서는 실재와 상징간의 쫓고 쫓기는 과정을 읽을 수 있었다.

두 번째는 풍경 속 우리 이웃들이 주인공이 된다. 종로3가 길가에 앉아 세상 구경을 하고 계신 할아버지들, 친구들과 어울려 마을을 실속 있게 사용하시는 길음동 할머니들, 일본 시라가와 마을을 사방팔방 뛰어다니며 마을에 생기를 불어넣고 있는 어린이들, 도시의 한 쪽 구석에서 자신이 떠나온 곳의 사람들에게 전화를 걸고 있는 안산시 국경 없는 마을의 이주민들. 이 글들은 무엇이 그들로 하여금 이러한 장면을 연출하도록 했을 지에 대한 짐작에서 시작해 그들에게 필요한 공간은 어떠해야 할까 하는 상상으로 끝을 맺는다. 우리의 일상을 꿋꿋이 지키고 있는 이들은 커뮤니티의 주인공이지만 이들에 대한 공간적 배려는 크지 않다. 사회적 약자이기 때문이다. 그런 점에서 이들의 입장에서 풍경적 상상을 해보려 했다.

세 번째는 청계천, 에든버러 로얄마일 거리, 면목동의 동원골목시장, 원서동의 작은 화분, 신내동의 한평공원, 광화문광장, 을지로 맥주의 거리, 선유도공원에서 발신한 이야기가 주인공이 된다. 근래 도시디자인이니 경관계획이니 하며, 도시 곳곳이 화려하게 꾸며지고 있다. 혼란스럽던 상가의 간판에도 질서가 주어지고 있고 가로의 벤치와 가로등도 디자인의 대상이 되고 있다. 그러나 이런 디자인이 과연 누구를 위한 것인가 하는 의문과, 단순한 치장에 머무는 것만은 아닌가 하는 의심이 드는 것도 사실이다. 그런데 우리네 이웃의 풍경을 둘러보면 우주라는 자연과 우리 이웃들의 생활 미학이 빚어낸 빛나는 아름다움이, 또 생활의 지혜가 곳곳에 숨어 있는 걸 볼 수 있다. 여기의 이야기들은 이런 숨겨진 보물에 대한 것이다.

이 열다섯 가지 도시 탐구는 옥수동에서 시작해 선유도공원에서 끝난다. 옥수동은 개인적으로 글 쓰는 이가 나고 자란 곳이기도 하지만 '조경'이라는 분야에 입문한 후엔 현장 학습의 장이었다. 텍스트로 배운 것들을 이곳에서 확인할수 있었고, 이곳 삶의 현장에서 품었던 질문들에 대한 해답을 다시 텍스트에서 찾을 수 있었다. 감사하게도 이런 훈련이 있었기에 여기의 글들이 가능했다. 그런데 이곳이 이제 없어진다고 한다. 아파트 단지로 변한다고 한다. 감사와 애정 그리고 아쉬움. 이 글을 제일 앞에 둔 이유이다. 선유도공원으로 끝을 맺는 이유는 '조경', '공공미술'이라는 업을 하고 있는 이들로서의 자의식 때문이다. 모든 풍경에 대한 이야기는 결국 '그렇다면 조경가는, 공공미술가는 어떠해야 하는가? 로 귀결된다. 그래서 조경가와 공공미술가가 개입하여 더욱 선명해진 풍경에 대한 이야기로 끝을 맺었다.

풍경은 혼자 만드는 것이 아니다. 행정과 전문가가 놓은 도로와 가로수, 건물주와 건축가가 함께 세운 건축물, 가게 주인이 내놓은 간판, 가로수와 상가 앞 화분에 빛과 비를 주는 우주의 순환 그리고 그 앞을 거니는 우리의 이웃들. 하나의 심포니처럼 모든 것이 어울려 풍경이 된다. 누구만의 풍경도 누구만을 위한 풍경도 있을 수 없고, 함께 만들어가야 하는 것이다. 그래서 많은 이들이 풍경을, 풍경에 관한 이 책을 읽으며 도시에 관심을 갖고 우리네 풍경이 갖는 가치를 생각해 보았으면 좋겠다. 그래서 함께 멋진 풍경을 만들어냈으면 한다.

근래 단독으로, 공동으로 몇 권의 책을 내게 되었다. 이 책은 네 번째 책이 된다. 책을 내서 좋은 점 중의 하나는, 평상시 감사의 마음을 전하고 싶었던 분들께 책을 핑계 삼아 인사를 드릴 수 있다는 것이다. 이 책을 들고 여러분들을 만날 것을 생각하니, 즐거워진다. 그래도 이 책에 직접적 도움을 주었던 분들께는 지면을 통해 감사의 말씀을 전하는 게 도리인 듯싶다. 이 책의 처음부터 끝을 같이 한 유다희 대표님, 이미지로 상상하는 법을 배울 수 있었다. 이 책의 씨앗이 된 잡지(월간 『환경과조경』) 연재 글을 진행하면서, 눈 비비며 만났던 토요일 오전의 홍대 앞 까페는 큰 추억이 되었다. 기획부터 마무리까지 많이 애써주신 남기준 편집장님, 항상 칭찬으로 이메일을 주신다. 그런데 그 칭찬이 너무나 진정어려 은근한 당근이라는 걸 깨닫는 데는 꽤 많은 시간이 걸렸다. 여러모로 감사할 따름이다. 그리고 기꺼이 사진을 제공해주신 경기대학교 건축대학원의 이영범 교수님, 도시연대의 최성용 부장님, 어반플롯의 서호성 대표님, 조경작업소 울의 김해경 박사님, 후배 박수이, 백샛별, 유대성, 맹기환씨, 네이버 블로그 Camper Princh, 한국전통문화학교 조경학과 학생 이미은을 비롯한 여러분들께도 감사의 마음을 전한다. 마지막으로 항상 무심한 지지를 보내주는 가족은, 자유로우면서도 든든한 울타리다. 사랑하고 감사한다.

2011년 어느 봄날 약수동에서

글쓴이 김연금

차 례

풍경 자체가
주인공이 되는 이야기

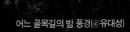

어느 골목길의 밤 풍경(ⓒ유대성)

1

옥수동 계단,
세월에 새긴 인정투쟁의 리듬

왼발 오른발 왼발 오른발
쿵 쿵 쿵 어깨도 들썩 들썩

저 사진의 계단을 보라! 계단은 땅으로 치닫다, 어느 한 순간 하늘로 치솟고 있다. 사진에서는 잘 보이지 않지만 또 어느 지점에서는 다시 땅으로 향한다. 하늘과 땅을 찌르며 집과 집 사이로 사라지는 계단을 보면서 당신은 무슨 생각을 하는가?

저 계단 위에서 내려다보는 풍경은 근사하겠지?
사람들 참 독해, 어떻게 저렇게 집을 지었어?
전체 계단은 몇 미터나 될까?
옛날엔 여기가 물이 흐르는 계곡이었을 거야!

낭만적 질문에서 지리적 질문까지 아주 가지각색일 것이다. 그런데,

저길 오르려면 다리 좀 아프겠는데
저 내리막길 참 무섭겠다.
겨울엔 미끄럽겠지.

이처럼 옥수동의 계단 풍경은 그냥 눈으로만 감상하기 어렵다. 우리의 근육은 자꾸 개입한다. 이미지이지만 우리의 몸을 얹지 않을 수 없다.

하늘로 치솟거나 땅으로 치닫는 옥수동의 계단(ⓒ유대성)

그렇다면 본격적으로 우리의 몸을 얹어보자. 오를 땐 힘겹겠지만 내려갈 땐 속도도 좀 낸다면 리듬을 즐길 수 있을 것이다. 오른발, 왼발, 오른발, 왼발. 쿵! 쿵! 쿵! 쿵! 어깨도 들썩! 들썩! 어느새 나는 춤을 춘다. 그런데 어디 나만 춤을 추겠는가? 삐뚤삐뚤한 길을 따라 갸우뚱 서있는 집도, 눈앞에 펼쳐지는 풍경도 너울너울 함께 춤을 출 것이다. 하늘까지, 땅까지 이어지는 계단에서 몸의 추임새가 전해진다.

옥수동 계단이 밟은 인정투쟁의 세월

그런데 이 풍경이 담고 있는 이야기는 계단처럼 명랑하지만은 않되, 계단만큼 가파르기는 하다. 처음 이곳에 계단을 만들기 시작한 사람들은 서울이라는 이 대도시에서 자신들의 존재를 각인시키기 위해 인정투쟁을 해왔다. 그런데 어디 사람만 그러했을까? 옥수동 계단도 그 시절을 함께 했다. 사람들은 경사진 땅과 협상해야 했고 계단은 그 결과물이다.

전쟁이 끝나고 많은 이들이 고향을 등지고 서울로 서울로 향하던 시절, 가파른 돌산이라 농사도 질 수 없어 과수원이 있거나 대장장이나 살았던 옥수동에, 여우도 울었다던 옥수동에 사람들이 모여들기 시작했다. 먼저 하천가를 따라 집이 지어졌다. 하천가의 바위에 기대어 판자, 천막, 돌, 흙 같이 주변에서 쉽게 얻을 수 있는 재료들로 벽이 세워졌고 검은 루핑으로 지붕도 얹혀졌다. 방과 부엌을 나누는 것은 사치였고 그냥 방 하나가 집이었다. 이곳 사람들은 이를 "하꼬방"이라 부른다. 하꼬(はこ: 箱)는 상자, 궤짝 등을 가리키는 일본어인데, '방房'이라는 단어가 붙어 하꼬방이 된 것이다. 집도 아닌 방이 궤짝같이 작고 허술하다는 의미이다. 낮 동안 행정의 단속으로 사라졌던 하꼬방은 밤이면 다시 지어

졌다. 하천가가 모두 점령되면 그 뒤로 한 켜, 또 한 켜. 어느새 옥수동의 온 산은 하꼬방으로 가득 찼다. 급한 경사는 계단으로 극복했고, 그도 안 되면 돌아서 길을 냈다.

옥수동에 있던 하꼬방(자료: 성동구 옥수제1동(2000), 『옥수동 이야기』, p.29)

"46년 됐어, 부산으로 피난 갔다가 서울로 왔지. 처음 이곳에 왔을 때 하꼬방 4개만 있었어. 저기 4층 집 있지, 거기 하나 있고 저 위가 집 하나 있고 거기엔 우물도 있었지. 그리고 여기에 두 집 있었지. 처음엔 논도 있었지, 근데 맨 산이었지, 여우도 울고 나무도 많고 나무가 꽉 찼었지. 처음에는 하꼬방이었다가, 한 칸, 한 칸 지었지, 벽돌 얹어서, 흙담으로 돌로. 처음에는 지프차 천막으로 집 지었다가. 그 땐 한달 벌어서 방 한 칸 만들고 한달 벌어서 방 한 칸 만들고 그랬지. 내가 이사오고 한 3, 4년 되니까 하꼬방이 꽉 차기 시작했지. 길도 없었어. 경치? 경치도 없고, 공기도 안 좋아. 미군이 버리는 기름 갖다 태우고, 석탄 태우고, 연탄도 돈 있는 사람들이나 하고, 여기 공기가 얼마나 안 좋았는데, 시커매서."

- 옥수쌀집 할머니, 개인면담, 2000년 5월 26일

이곳에 찾아든 사람들에게는 무엇보다 하늘이라도 가릴 수 있는 잠자리가 필요했지, 길이나 상·하수 같이 인간다운 생활을 가능케 하는 기반시설은 사치였다. 하지만 얼마 되지 않아 이는 문제가 되었다. 사람들이 모여들수록 하천은 오염되기 시작했고 구분되지 않는 집과 길은 그 자체가 불편이었다. 하지만 정부의 손길은 멀었기에, 이들은 스스로 길을 내고 공동 우물과 공동 화장실도 지어 자신들의 마을을 만들기 시작했다.

> *"길보다 하꼬방이 먼저지, 몇 년 살다가 추진위원 이런 걸 만들었어. 아프면 택시도 들어오고 연탄차도 들어와야 하고 그래야 된다고. 40년 전에 만들었지. 처음에 길 낸 건 추진위원 만들어서 한 거지. 지금 약국 뒤에 바위 갖다가 저기 축대 쌓아서 길 만들었지. 임흥순 시장 때, 동네 사람들이 길 만들었지. 동에서 못 사는 사람 주라고 밀가루 나오고 그랬어. 우리 할아버지가 동장이었는데, 그거 갖고 사람들 멕이면서 동네 만들었지. 자기 돈으로 막걸리 먹으면서 했지."*
>
> *- 옥수쌀집 할머니, 개인면담, 2000년 5월 26일*

이들의 인정투쟁에도 불구하고 이들의 삶은 위태했다. 어쨌거나 그들은 국공유지를 무단으로 점거한 것이었고, 서울시는 이 불법 무허가 거주자들한테 관대하지 않았다. 1950년에서 1960년대에 이르기까지 서울의 불량주택은 연평균 10~15%씩 증가해 1970년대는 정점에 다다랐다. 과반수의 불량주택은 정상적인 주거지 주변에 흩어져 있었지만, 나머지는 옥수동 같은 고지대나 하천부지, 철도변의 국유지에 입지해 있었다. 보기에도 좋지 않았지만 화재, 홍수, 산사태 같은 재해도 문제라 서울시는 1960년대 초 도심 반경 5~10km 내외의 남산·한남·용산 등에 있는 무허가 정착지를 철거하고 주민들을 서울 도심의 15km 밖으로 이주시켰다. 1960년대 말에는 일부 불량촌 주민들을 현재의 성남시인 경기도 광주군 일대에 집단 이주시키기도 했다. 옥수동 또한 사방공사가 이루어지면서 아주 높은 곳의 집들은 철거되었다. 그런데 다행히도 도심에서 조금 비켜간 덕으로 대부분의 집들은 철거와 이주에서 제외될 수 있었다.

18

시간은 계단이 되고, 주름이 되고(ⓒ유다희)

일부에는 하천가에 축대를 쌓고 하꼬방을 지었던 모습이 아직까지 남아 있다(©유대성).

하지만 산 너머 산이라고, 옥수동의 계단은 사라질 뻔한 위기를 다시 한 번 겪었다. 서울시는 무허가 정착지에 대한 정책을 철거·이주에서 재개발로 전환했다. 그런데 자금이 풍족하지 못해 일부지역을 재개발하면서는 미국 뉴욕의 연방주택은행으로부터 돈을 빌려왔다. 정부와 미국의 대외원조기관인 국제개발처 AIDAgency for International Development가 보증을 섰다. 반포와 역삼동의 'AID아파트'로 불리는 아파트는 이렇게 해서 지어진 것들이다. 그런데 여기에 재미있는 뒷이야기가 있다. 돈을 빌리는 서울시와 돈을 빌려주는 AID 사이의 갈등이다. 서울시는 현대화의 산물인 아파트를, AID는 아파트 대신 기존의 주거지를 가능한 한 유지하는 현지 개량방식을 원했다. AID는 당시에 작성한 보고서에서, 서울시는 왜 그렇게 큰 평수의 아파트를 지으려고 하는지, 저소득층이 아니라 중산층을 대상으로 정책을 펼치는지 모르겠다고 불평하고 있다. 이러한 갈등 끝에 합의를 본 것이, 옥수동과 마포에만은 아파트 대신 기존의 주거 환경을 그대로 둔 채 기반시설을 개선하고 집을 다시 짓는 방식이었다. 다행스럽게도 말이다. 덕분에 옥수동 계단은 스스로의 진화를 계속 할 수 있었다.

이런 AID 차관 재개발 덕택으로, 국유지에 무단으로 집을 짓고 살던 이들은 서울시에서 돈을 빌려 땅을 사면서 불법점유자에서 벗어날 수 있었고, 집도 다시 지을 수 있었다. 집주인은 가능한 한 집세를 많이 받기 위해 2층으로 지었고 옥탑방도 올렸다. 물론 지하방도 만들었다. 세를 놓아 빚도 갚고 생활비도 충당해야 했기에 공간을 층층으로 포갤 수밖에 없었던 것이다. 먼저 지어진 집은 남향과 대로로 향한 입구를 확보하는데 유리했지만, 나중에 지어진 집은 요리조리 다른 집을 피하면서 남쪽으로 방향을 잡고 큰 길 쪽으로 입구를 내었다. 당연히

1979년의 옥수동과 금호동(자료: 서울시립대학교(2000), 서울 영상 자료 CD)

AID 차관 재개발 이후인 현재의 옥수동과 금호동(ⓒ유대성)

뒷집을 가리지 않을 눈높이를 유지하면서 말이다. 서로의 삶에 대한 존중과 배려다. 덕분에 멀리서 바라다보면 들어가는 입구가 있을까 싶을 정도로 집들은 교묘하게 층층으로 쌓여있다. 또 집밖의 계단과 집안의 계단은 서로 어우러져 하늘로 향한 미로가 되었다. 이렇게 자연에의 순응과 타인에 대한 배려, 이름 없는 건축가들의 지혜로 옥수동의 풍경은 완성되었다. 그런데 다시 변화를 눈앞에 두고 있다. 이제 곧 고층 아파트 단지가 들어설 예정이라 옥수동 계단을 볼 수 없단다. 슬픈 일이다.

계단을 따라 집도, 생활도 층층으로 쌓여있다
(왼쪽 사진: ⓒ유대성).

도시의 리듬, 도시의 계단

어떤가? 풍경의 이야기를 듣고
나니 옥수동 계단이 다시 보이
는가? 친구의 속내를 듣고 나서 생기는 친밀감 같은 건 생기지 않았는가? 계단이
왜 그리 삐뚤삐뚤하고 성급한지 이해할 수 있겠는가? 그럼 다시 차근차근 계단
을 오르내려보자. 이들의 미덕을 어루만지면서.

사람들의 몸에 맞춰진 계단(ⓒ유대성)

한단 한단이 저 아래까지(ⓒ유대성)

옥수동 사람들이 겪어낸 시간은 처연하기까지 하지만, 그들이 만들어낸 풍경은 명랑하다. 나무가 비바람과 경쟁하면서 자신의 몸에 새긴 둥그런 파동이, 어르신들 이마의 주름이 그러하듯이 말이다. 또 그렇게 시간을 온전히 드러내는 리듬은 건강하다. 거짓이 없다. 버튼 하나로 몇 수십 미터를 단숨에 오르내리지는 않는다. 한단 한단 높이의 변화를 시간 속에서 근육으로 느끼고 견뎌야 한다. 배려심 또한 옥수동 계단이 갖는 미덕일 터이다. 한 방향으로 향하다, 도중에 집이 나타나면 살짝 방향을 틀어주어 대문과 입구가 나도록 했고 불편하지 않도록 단의 폭도 넓혀주고 있다. 보기엔 삐뚤삐뚤 불편해보이지만 오랜 기간 동안 사람들의 몸에 맞춰진 만큼 걸음걸이에 적당한 크기를 지녔다. 또 이들은 얼마나 개성이 뚜렷한지 모르겠다. 지하철역의, 대로에 놓인 육교의 그 일률적이고 재미없는 계단과는 격이 다르다. 시간에 따라 편의에 따라, 상황에 따라 모양을 갖추었기에 그 폭도 높이도 모두 달라 별다른 기교 없이도 지루하지 않다. 부창부수라고 이 곳 사람들은 이 개성을 잘도 활용한다. 좀 넓어지는 곳에는 화단을 만들거나 화분을 내어 놓아 여름이면 짙푸른 계단을 만든다. 또 해 좋고 한적한 곳은 장독대로 활용하고, 날씨 좋은 날엔 빨래 건조대를 내어 놓는 건 너무나 당연하다. 생활의 필연에서 나오는 살뜰함이 곳곳에 있다.

그럼 마지막으로, 어렵다는 이 시절, 만만치 않은 세월을 견뎌낸 옥수동 계단에서 명랑한 의욕을 챙기자. 그리고 우리가 스치는 풍경 속 계단을 다시 한번 보자. 오르는 것이 힘들다고 탓만 할 것이 아니라, 어떤 이야기가 있는지, 옥수동과는 어떻게 다른지, 어떤 세월의 리듬을 타고 있는지 말이다. 이는 이제 곧 사라질 옥수동 계단과 그 안에서 성실하게 꾸려왔던 삶에 대한 예의이기도 하다.

반복과 반복되는 오르고 또 내려가는 한발자욱, 한발자욱의 켜켜이 쌓임......
나는 지금 이 계단을 올라가고 있는가, 내려가고 있는가 !

도시의 리듬, 계단을 찾아서(ⓒ유다희)

옥수동 풍경

26

2

빠이|Pai,
하이|Hyperlink, Hybrid 그리고 Hi의
장소성

여기는 어디일까?

첫 번째 힌트

두 번째 힌트

세 번째 힌트

퀴즈다. 세 장의 사진은 세상 어디의 풍경을 잡아낸 것일까?

먼저 첫 번째 사진. 일단 토속적 색채가 강한 건물과 열대식물에서 동남아 어디지 않을까 싶기도 한데, 하얀 테이블과 서양인이 보여 다소 혼란스럽다. 그런데 오른쪽 구석 노점상을 보니 동남아가 맞는 듯하다.

두 번째 사진, 'sincere coffee'라는 간판을 내건 카페의 실내 장식이 예사롭지 않다. 앞의 사진처럼 토속적이다. 그러나 모두 영어로 적힌 메뉴는 스타벅스나 커피빈처럼 다양하다. 그런데 사진을 찬찬히 들여다보면 익숙하지 않은 문자가 보일 것이다. 태국어이다. 태국으로 좁혔다.

마지막 힌트인 세 번째 사진. 사진 찍히는 어색한 순간을 모면하기 위한 세계 공통의 포즈. 그런데 저 의상은 여행과 관련한 여러 텔레비전 프로그램에서 선보이지 않았던가? 혹시 어느 지역의 전통의상인지 기억들 하시는지?

태국 고산족의 전통의상이다.

그러니까 이 풍경은 고산족이 사는 태국 북부의 어느 마을, 빠이Pai라는 곳이다.

서양인에서 혹은 화려한 커피 메뉴에서, 당신은 빠이는 대도시이거나 관광객들을 상대로 하는 지역이라 짐작할 수도 있겠다. 그런데 그렇지 않다. 가장 가까운 도시인 치앙마이Chiang Mai에서 장장 4시간이나 버스를 타야 빠이에 도착할 수 있다. 그것도 꼬불꼬불 산길을 말이다. 서울에서 진주까지가 버스로 4시간이니 상당히 먼 거리다. 그리고 주변은 온통 산이다. 그러니 이곳은 산속 오지이다. 그런데 앞의 풍경에서 보았듯이 이런 산속 오지에 온갖 것들이 있다. 몇 발자국만 떼면 나타나는 모던한 디자인의 인터넷카페와 첨단디자인의 ATM, 이태리인이 피자를 파는 식당, 독일인이 운영하는 바bar, 태국 음식인 쌀국수를 파는 노점상 등등.

빠이는 산속 오지에 있다. 강가 주변으로 대나무 방갈로가 있고, 강 왼쪽으로 빠이 시내가 있다.

만국인이 '멍' 때리는,
유토빠이|UtoPai

빠이는 유토빠이UtoPai라는 별칭을 갖고 있다. 유토피아라는 것이다. 치앙마이의 한국인 민박집에서 만난 한 배낭여행자는 빠이의 홍보대사를 자처해, 만나는 모든 이에게 '빠이 방문'을 권했다. 그곳의 무엇이 좋으냐? 어떤 곳이냐? 왜 유토피아냐?라는 질문에 그녀는 요즘 말로 '멍 때리는 곳'이라고 간단히 정의한다. 다른 말로 하면 휴식하는 곳, 게으름 피울 수 있는 곳, 빈둥거리는 곳, 그냥 하는 일 없이 죽치는 곳이라고 말할 수 있을 것이며, 영어로는 'killing time' 하는 곳이라고 할 수 있다. 역사적 가치가 높은 건축물이 있는 것도, 박물관이 있는 것도, 멋진 바닷가가 있는 것도 아니라 마을 내에서는 뭐 특별히 할 일도 없다.

그럼 이곳의 하루 일과를 통해 어떻게 멍을 때리는지 들여다보자. 일단 늦은 아침을 먹고 산책을 하다 강가의 그늘 시렁에서 낮잠을 잔다. 아니면 인터넷카페에서 서핑을 하거나 멀리 있는 친구와 화상전화를 한다. 책을 빌려주는 서점도 있으니 고전적 방법으로 시간을 보낼 수도 있다. 그래도 심심하면 자전거나 오토바이를 빌려 주변의 고산족 마을이나 경치 좋은 곳을 찾으면 된다. 사람들을 모아 하루나, 이삼일 정도 투어를 해주는 프로그램도 있으니 트레킹이나 래프팅을 즐겨도 된다. 아! 음식, 요가, 그림, 타투, 마사지를 가르쳐주는 곳도 있어 건설적으로 시간을 보낼 수도 있다. 돈을 다 썼다면, 여기 저기 놓인 ATM을 찾으면 된다(물론 통장에 잔고가 있어야 하지만). 그러다 어둑어둑해지면 바Bar를 찾아 술을 한잔씩 하며 음악을 듣는다. 바마다 다루는 음악이 다르고 요일마다 등장하는 밴드도 다르니 저녁마다 골라 듣는 재미가 있다. 어떤가? 유토빠이라는 별칭이 확 와 닿지 않는가?

이렇게 유토빠이는 이 세계적 경제난 속에서도 낯선 곳에서 한 템포 쉬고자

1	2
3	4
6	5
8	9

❶ 빠이의 구경거리   ❹ 빠이의 읽을거리   ❼ 빠이의 즐길거리, 마사지
❷ 빠이의 놀거리   ❺ 빠이의 들을거리   ❽ 빠이의 산책거리
❸ 빠이의 먹을거리, 쌀국수   ❻ 빠이의 탈거리   ❾ 빠이의 체험거리, 타투

하는 이들의 욕망을 충족시킨다. 여행이 병인지, 아니면 새로운 인생을 기획하기 위해서인지, 역마살이 있어서인지, 이곳에 중독되어서인지, 여하튼 세계 각지에서 온 이들이 자기만의 이유로 이곳에 찾아든다.

그런데 얼마나 다양한 이들이 있냐고? 독일인이 운영하는 한 바Bar의 풍경을 잠깐 훔쳐보자. 태국인과 이탈리아인으로 구성된 밴드는 'I'm an Englishman in New York' 이란 노래를 부른다. 노래가 끝나자마자 한 일본인은 감동하여 앙코르를 요구하고, 프랑스인은 박수를 치고, 그 옆에서 한국인들은 저 노래가 아마 누구의 노래이고 어떤 영화에 나왔을 것이라며 잡담을 한다. 이 노래 하나에 독일, 태국, 이탈리아, 영국, 미국, 일본, 프랑스, 한국인이 있다. 노래 한 곡조에 만국인의 감성이 하나가 된 것이다. 빠이는 그야말로 산속 오지의 글로벌 빌리지이다.

그런데 어떻게 만국인의 유토빠이가 되었을까? 궁금하지 않을 수 없다. 1980년대 도로포장이 되기 전까지만 해도 가장 가까운 도시인 치앙마이에서 코끼리나 말을 타고 삼일 반을 달려야 찾을 수 있는 곳이었다. 도로가 포장된 이후에도 치앙마이와 매홍손Mae Hong Son이라는 도시의 사이에 있어 이 두 곳을 찾는 배낭여행자들이 잠시 쉬었다 가는 곳 혹은 인근의 고산족 마을을 트레킹하기 위한 베

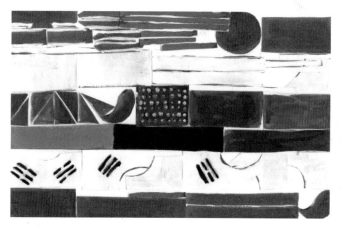

노래 한 곡조에 담긴 8개국의 감성, 8개국의 국기를 해체, 재배치해 만든 빠이 깃발(ⓒ유다희)

이스캠프 정도였다. 그런데 배낭족 사이에 입소문이 나면서 빠이를 목적지로 찾는 이들이 생겨났고 잠깐 여행을 위해 찾았던 이들 중 몇몇은 이곳의 매력에 빠져 몇 주씩, 몇 달씩, 몇 년씩 머물기도 한다. 원래 이곳의 주인이었던 고산족이 그랬던 것처럼, 새로운 유목민이 이 마을을 만들었다. 빠이의 한 시인이 정착하게 된 이야기를 들어보자.

> *I arrived in Pai on May 15, 2004. Two days later,*
> *it spoke to me loud and clear saying; This is your home.*
> *In retrospect, for 25 years I had been wandering*
> *the world looking for my home.*
> *Little did I know I would find it in nother Thailand.*

- 이삭 데이비드 가루다(Isaac David Garuda)의 시집 『The Pai Poems』의 서문에서

빠이는 유토빠이 외에 예술마을Art Village이라는 별칭도 갖고 있다. 앞에서 잠깐 들렀던 'Pai Corner Restaurant and Bar' 주인이며 『빠이오니어Paioneer』라는 안내서의 저자인 독일인 토마스 카스퍼Thomas Kasper 자신이 1991년 처음 왔을 때만해도 게스트하우스는 일곱 군데뿐이었고, 주인들은 개인욕실과 화장

사진전을 하고 있는 한 갤러리.
벽의 가운데에는 한국의 포장마차 사진도 있다.

젊은 화가들의 전시회

실이 있냐는 질문도 이해하지 못했다고 한다. 유흥문화도 거의 없어 자신의 가게가 최초로 저녁 10시 넘어서까지 맥주를 팔기 시작했단다. 그런데 1994년 'Bebop'이라는 바가 문을 열면서 상황은 완전히 바뀌었다. 라이브음악의 중심이 되었고, 태국 전역의 음악인들뿐만 아니라 전 세계의 음악하는 여행자들이 모여들었다. 지금은 많은 수의 바에서 라이브음악을 연주한다. 그것도 블루스, 재즈, 레게 등 다양한 음악을. 그리고 1999년 한 태국인 미술가가 이곳에 손수집을 짓고 작업을 시작하면서 음악가 이외의 예술가들도 모여들기 시작했다. 일본인 화가 부부가 정착해 살고 있고, 앞서 잠깐 등장했던 가루다라는 미국의 심리학자는 이곳에서 시인이 되어 시집도 냈다. 음악과 그림, 시가 있으니 예술마을이라 할 만하지 않은가?

맴돌면서 'Hi'

이곳 사람들이 무엇보다 즐기는 일은 마을을 맴도는 것이다. 마을의 길은 처음과 끝이 연결된 네모난 환형이고 빠른 걸음으로 20분이면 한 바퀴 돌 수 있다. 그런데 이들은 이 길을 천천히 계속 맴돈다. 맴 돌면서 길거리 음식으로 아침을 먹고 점심도 먹고, 좌판 물건을 구경하고 잠깐 잠깐 길에서 펼쳐지는 공연도 구경한다. 돌 때마다 다른 노점상이 나타나고 다른 이벤트가 있어 맴도는 일이 지루하지 않다.

계속 맴을 돌다보니 보는 이들을 계속 보지 않을 수 없다. 영어로 '하이Hi!' 태국어로 '싸와디 캅(카)!' 그러면서 서로의 얼굴을 익히고 통성명도 하게 된다. "또 만났네", "그런데 너는 얼마나 빠이에 있을 거야?" "다음 여행지는 어딘데?" 물론 'Where are you from?'도 잊지 않는다. 그러다 관계가 더 발전하면 수

빠이의 거리. 아직 이른 시간이라 한산하다.

다를 떨기도 한다. "오늘은 뭘 하면서 하루를 보냈어?" "어제는 왜 안 보였는데? 궁금했잖아." 어떤 이는 맴을 돌다 친해진 노점상 옆에 주저 앉아 장사를 돕기도 한다. 이곳을 안내하는 많은 정보들이 '프렌들리friendly'를 자랑거리로 내세우는데, 그럴 만도 하다. 얀 겔Jan Gehl은 우연한 만남이 거듭되다보면, 눈인사를 하게 되고 그러다 친구가 되기도 한다고 했는데 그의 이론을 제대로 확인할 수 있는 곳이 이곳이다.

2008년 봄 우연히 찾은 빠이의 매력에 빠져 넉 달에 한 번씩은 찾고 올 때마다 보름 이상은 머문다는 한국 여자 분은 길에서 만난 미국인에게 "언제 다시 왔어?"라고 정말 '프렌들리' 하게 인사를 한다. 그들은 어느새 이웃이 되었다. 혼자 여행을 하는 이들은 모두가 이방인인 이곳에서 자신의 안부를 묻는 이를 만나고 다정함을 느끼고 소속감을 갖는다. 모두가 혼자이기 때문에 섞이는 게 쉬울 수도 있다. 그러면서 그들은 이틀 머물려고 했던 계획을 바꾸어 2주일, 2주일만 머물겠다는 계획을 바꾸어 2개월, 2개월만 머물겠다는 계획을 바꾸어 2년, 혹은 그냥 주저앉기도 하면서 빠이오니어Paioneer가 된다. 프랑스인, 미국인, 영국인이 아닌 파리지앵, 뉴요커, 런던어이듯이, 민족과 국가를 초월해 그 장소의 일원으로 정체성을 갖는 것이다. 그것도 멍 때리면서.

하이퍼링크Hyperlink는
하이브리드Hybrid를 부르고

신기하지 않은가? 수많은 발길이 잠깐 멈추어 이곳을, 이곳의 오묘한 장소성을, 문화를 만들어냈다는 것이. 그것도 산속 오지에다 말이다. 하이퍼링크의 시대이기에 가능한 하이브리드의 장소성이라고 장난스레 정의해본다. 인터넷카페와 게스트하우스마다 제공하는 무선 인터넷 그리고 핸드폰과 ATM은 세계 각지에서 모여든 이들을 또 세계 각지로 하이퍼링크 시킨다. 그리고 이들의 몸에 묻어온 다양한 문화는 'Hi'를 매개체 삼아 서로 뒤섞여 빠이의 장소성을 만들어내고 있다.

인터넷카페, 정보의 하이퍼링크

ATM, 돈의 하이퍼링크

근래 활발하게 활동하고 있는 비평적 지리학자 도린 매시Doreen Massey의 "이 세상 어디에도 원주민은 없다"라는 말을 실감하지 않을 수 없다. 그녀는 글로벌 시대, 장소와 장소성을 어떻게 바라봐야 하는가라는 시대적 화두에, 뿌리내림이나 고착성과 같은 장소성에 대한 전통적 이해 방식에서 벗어나 흐름, 이동, 연결, 교차라는 개념들을 중심으로 파악해야 한다고 답하고 있다. 세계화가 지역성을 파괴하기 보다는 재구축한다는 이런 관점은 아마도 계속 발전할 것이다.

그런데 빠이오니어들은 이곳도 "물이 안 좋아지고 있다"고 걱정한다. 2007년 공항이 문을 열면서 방콕에서 주말을 잠깐 보내기 위해 비행기를 타고 오는 이들도 있다. 게다가 이곳을 배경으로 하는 태국 영화도 두 편이나 만들어져 태국인들이 가장 찾고 싶은 곳이 되었고 우리나라에도 이곳을 배경으로 한 단편영화가 있다. 이러한 과정을 거치면서 이곳은 관광지화되고, 상업화되고 있다. 다른 곳처럼 커다란 관광버스가 오고 있지는 않지만, 히피의 후손을 자처하거나 보헤미안의 낭만을 좇아 이곳을 찾았던 이들과는 다른 종류의 사람들이 찾고 있다. 게다가 태국 정부는 이곳을 관리하기 시작했다. 마약이 표면적 이유이다. 그런데 스스로를 빠이오니어라 칭하는 이들은 '가벼운 마약light drug'이라는 표현을 쓴다. 유토빠이에서 뭐 그 정도는 용인해주어야 하는 것 아니냐는 뉘앙스일 게다.

많은 이들이 이곳의 매력을 상업화, 관광지화로부터 지키려 노력하지만, 이곳의 옛 주인 고산족들이 이동하면서 자신의 마을을 만들었듯이, 이 시대의 유목민들은 어쩌면 이곳을 떠나 새로운 곳을 찾아 멍을 때릴 수도 있을 것이다. 그리고 이는 인터넷을 통해서, 스마트폰을 타고, 배낭여행자들의 입을 통해서 다시 퍼져나갈 것이고 사람들은 다시 그곳에다 또 다른 빠이를 만들어 또 다른 빠이오니어가 될 수도 있을 것이다. 아니 어쩌면 우리가 상상도 할 수 없는 새로운 방식으로, 독특한 새로운 공간을, 장소를 만들 수도 있을 것이다.

멍 때리러 들린 빠이에서 쓸데없이 말이 많았다. 아쉽지만 빠이를 떠나야 할 시간인가 보다. 마지막으로 가루다의 시를 음미하며 '굿빠이 빠이!Goodbye Pai!'

I Don't know My Address

I fit in nowhere
so I am free to be anywhere.
I have no point of view
as I cannot make judgements.
I have no expectations
so whatever happens is enough.
I have no understanding
but I have feelings to guide me.
I'm not looking for anyone
so I can see who is there.
I don't know my address
but I can find my way home.
I know nothing of the future
so I can welcome what comes.
I don't regret the past
so I can die in peace.

빠이(pai), 하이(hyperlink, hybrid 그리고 Hi)

3

전통문화의 거리 인사동,
상징과 실재의
쫓고 쫓기는 드라마

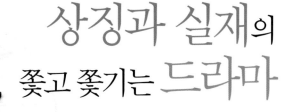

인사동은 왜
전통문화의 거리일까?

아래 사진은 어디의 풍경일까?

하루에 약 십여만 명이 찾고, 많은 조사에서 외국 관광객이 서울의 대표 이미지 1위로 꼽는 인사동의 풍경이 맞다. 군이 간판의 상호가 아니더라도, 전통차, 전통주점, 한옥은 인사동의 표상이 되었기에 짐작이 그리 어렵지는 않았을 게다. 그런데 당신은 아는가? 언제부터? 왜? 인사동이라는 명칭 앞에 '전통문화의 거리' 라는 수식어가 붙게 되었는지? 이 질문은 '닭이 먼저냐? 달걀이 먼저냐? 라는 질문처럼 공회전을 할 수 있다. 다음처럼.

인사동이 '전통문화' 의 거리라서, 한정식집, 한복집, 주점이 많은가?
아니면
한정식집, 한복집, 주점이 많아서 '전통문화의 거리' 일까?

공회전을 끊는 단서로서 인사동에 대한 두 글을 나열해 보자.

1977년의 신문 기사(조선일보, 서울 인사동 거리 학생가로 변모, 1977년 7월 16일자)
인사동 = 조상의 손길이 어린 목기며 미술품들을 보고 만질 수 있는 곳

2008년의 『서울관광종합가이드북』(2008)
인사동 = 전통체험 · 전통축제 · 한식집 · 전통찻집 · 한복을 통하여 전통을
         느낄 수 있는 장소

비슷한 듯 다르다. 조금씩 어긋난다. 조상의 손길이라는 수식어는 전통이라는 단어로 변했고, 이를 받는 명사도 변했다. 이 변화는 동시에 이루어지지 않았다. 어떤 때는 명사(=인사동이라는 실재)가 먼저 변하고 이를 쫓아 수사(=상징)가 변했다. 또 반대의 경우도 있었다. 그리고 이 과정은 마치 하나의 드라마와 같다. 앞에서 잠깐 보았던 에피소드가 뒤에 오는 이야기의 복선이 되기도 하고, 등장인물 간의 갈등도 있고 반전도 있다. 장르로 치자면 대하드라마? 스릴러? 드라마의 시작은 우리나라의 근대화가 본격적으로 시작된 일제 강점기부터로 보는 게 적당하다. 전통이라는 단어가 부각되는 건 '근대화' 와의 대비 때문이므로. 주인공은 당연히 인사동이다. 이곳에서 장사를 하고 있는 상인들은 조연급 정도 된다. 서울시 종로구에 속해 있으므로, 종로구청과 서울시, 방문객들도 주요 등장인물이다. 예기치 못한 의외의 인물로는 외국인이 있다. 매일 매일 반복되는 시간의

42

흐름 속에서는 보이지 않는 시간의 매듭이 타인에게는 보일 수 있기에, '전통'의 포착도 내부의 시선보다는 외부의 시선이 먼저일 수 있기 때문이다.

시즌 1: 고물상의 거리, 전통문화의 거리를 암시하다

드라마 작가는 아니지만, 항상 드라마 하나 정도는 본방을 사수하고 간혹 한 드라마에 꽂히면 이틀 전부터는 기대감으로, 이틀은 드라마를 보면서, 나머지 삼일은 아쉬움으로 일주일을 채우는 이로서 세상의 드라마를 두 가지로 구분해본다. 그 기준은 '갈등 표출의 시기' 다. 첫 번째 유형은 시작부터 갈등이 드러난다. 그리고 다른 유형은 평화롭게 시작하되 주인공이 겪게 될 갈등에 대한 복선을 깐다. 인사동을 주인공으로 하는 이 드라마는 후자에 해당된다. 평화로운 시작.

조선시대 인사동은 아니 인사동이라는 명칭은 없었다. 일제강점기 이후 조선시대의 관인방寬仁坊의 '인', 대사동大寺洞의 '사' 가 합쳐져 인사동이 되었다. 한성부 서울은 동양 도시계획의 문법이라 일컬어지는 『주례周禮』의 「고공기考工記」를 따라 만들어졌으나, 이 문법이 만들어진 중국과는 달리 산이 많아 모든 원칙이 적용되지는 못했고, 시설배치에만 적용되었다. 이에 따라 한성부 서울은 5부部·52방坊으로 나뉘게 되었고 현재의 인사동 지역은 중부의 관인방寬仁坊에 속했다. 원래 중부에는 중인中人들이 주로 거주했으나, 인사동은 궁과 가까워 행정관서나 양반들이 거주했을 가능성이 높았을 것으로 추정된다. 서울의 도로원표는 세종로 광장의 중앙이지만 서울의 중심임을 알리는 표지석은 인사동에 있다. 인사동은 역사의 중심무대이기도 해서 세종대왕이 승하한 곳이 인사동 초입인 안국동이며 율곡 이이 선생도 인사동에서 살았다. 또한 무소불위의 권력을 휘두

르던 조선말 안동 김씨들 세도의 본거지가 되기도 했다. 이러한 역사성은 추후 인사동이 골동품 거리가 되는 하나의 배경이 된다.

1950년대 인사동 한옥군
자료: 서울시정개발연구원(www.sdi.re.kr / insadong, 2006년 접속)

1970년대 인사동 거리
자료: 국가기록원(www.archives.go.kr)

　인사동이 '전통문화의 거리'로 거듭날 것이라는 복선은 일제 강점기라는 장면에서 깔린다. 1920년대 명동과 충무로의 일본인 상권이 커지면서 우리나라 상인들은 점차 인사동으로 밀려나기 시작했고, 몰락한 양반가들이 가지고 있던 자기나 고가구가 거래되기 시작했다. 당시에는 단지 고물로 칭해졌던 이러한 물건들의 골동품적 가치를 알아본 것은, 타자의 시선, 일본인들이었다. 고 예술품에 관심이 많았던 일본인들이 인사동을 기웃거리기 시작했고, 이들을 상대로 하는 '고물' 아니 '골동품'과 '미술품'을 거래하는 가게들이 생겨났다. 이 골동품 거래는 해방 이후 더 활발해진다. 갑작스런 패망에 준비 없이 쫓겨나기 시작한 일본인들이 우리의 고미술품·고가구·고서 등의 골동품을 대량으로 거리에 내다 팔게 된 것이다. 6·25 전쟁 후에는 형편이 어려워진 안국동 등 인근의 주민들도 자신이 갖고 있던 물건들을 내다 팔았고 명동·충무로의 땅값이 상승하자 그곳의 골동품 상인들은 임대료가 싸고 이미 골동품 상가가 몰려있던 인사동으로 옮겨왔다. 지금은 돌아가신 통문관의 이겸노 할아버지는 2002년, 당시의 상황을 다음과 같이 증언했었다.

> "골동품은 해방 후에 많이 들어왔지. 전쟁 끝나고 서울 환도 전에는 저기 충무로 저, 아현동 그런데 빈집들이 있으니까, 피난 갔던 사람들 어려운 사람들이 먼저 들어왔거든, 먼저 들어오니까 뭐 할 일 없고 하니까. 고물들 놓고 파는데 미국 군인들이 와 구경하다가 이상한 거 있으면 사가고, 골동품, 그때는 골동품이 아니라 고물이지. 고물을 팔다가 차츰 환도하게 되니까 집주인들이 들어오게 될 것 아니야. 집 내어주고, 여기가 집세가 싸니까 이쪽으로 온 거지. 표구점은 해방 후 여기 골동품 생기면서 생겼지."

- 2002년, 통문관 이겸노 할아버지 면담

2002년 이겸노 할아버지가 살아 계실 당시의 통문관

현재 인사동의 또 다른 상징이 되는 골목길과 개량 한옥은 일제시대와 6·25 전쟁을 거치면서 만들어졌다. 일제강점기 말, 고위 관리 양반들의 기반이 약화되면서 그들의 넓은 땅이 쪼개져 개량 한옥들이 지어졌고 그 집들을 잇는 오밀조밀한 골목길도 깊숙이 만들어지기 시작했다. 또 전쟁 후에는 파괴된 건물이 개량 한옥으로 대체되기도 했다.

시즌 2: '골동품 거리'의 전성시대 그리고 '전통문화의 거리'

시즌 2의 시기는 전쟁 후부터 1980년대까지이고 주제는 '골동품 거리에서 전통문화의 거리'로의 전환 정도가 된다. 1970년대 초 급격한 산업의 발전으로 사람들은 먹고 사는 일에서 어느 정도 벗어나 문화적 취향에 관심을 갖게 되었고 거기에는 골동품도 포함되었다. 인사동을 찾는 발길이 점차 늘어나면서, 인사동은 골동품 거래 장소뿐만 아니라 전통문화 산업의 네트워크로서의 역할도 시작한다. 고미술과 관련되는 표구점과 필방 및 지업사, 고가구와 관련된 가구점이 들어섰고, 고미술품을 전문적으로 매매하는 화랑도 생겨났다. 인사동과 인연이 오래된 한 어른의 회고를 들어보자.

> "지방 돌아다니면서 고물상 수집하는 상인들이 물건을 리어카에 싣고 인사동에 와서는 이집 저집 들어가지. 가구 파는데, 도자기 파는데, 그림 파는데, 그럼 사람들이 하나씩 물건 홍정해서 사는 거야. 정식 화랑이 생기기 전에는 그림은 표구점에서 사고팔았지. 기인이었던 조자용 박사는 인사동 골목 언저리에 서서 손을 번쩍 들어 인사동을 출입하는 리어카를 세웠다고 해. 마치 교통정리 하는 것처럼. 골동품 상가나 중개상에 넘어가면 값이 너무 비싸지고 되사기도 쉽지 않으니까."
>
> *- 2002년, 민화가 송규태 선생님 면담*

1970년대 들어서는 '현대화랑' 같이 현대미술을 다루는 화랑도 들어섰고 덩달아 미술용품점, 민속공예품점도 증가하게 되었다. 그러다 보니 골동품 수집가들뿐만 아니라 미술인, 문인들도 찾게 되었다. 결과적으로는 '전통' 뿐만 아니라 '문화'라는 수식어도 획득하게 된다. 또 외국인들은 한국적인 다양한 문화를 접할 수 있게 된 인사동 거리를 '메리의 거리mary's area, mary's alley'라고 불렀다. 1981년 한 신문기사에서는 선친 때부터 인사동을 지켜온 통일가게 대표 김완규 선생님을 인용하면서 인사동의 가치와 변화상에 대해 이야기 하고 있다.

"일제식민통치와 6 · 25를 거치면서 외국인들이 거둬갈 뻔했던 우리 문화재를 지키고 되찾기 위한 학자와 수장가들의 애환이 서려있는 곳이 인사동 골목입니다. 전통의 미를 재발견하고 그 가치를 높인 훌륭한 수장가들은 거의 이곳을 드나들며 골동을 수집했지요." (중략) 1970년대 초반부터는 현대미술품을 전시 · 판매하는 화랑가가 형성되어 미술의 거리가 되어가고 있다. (중략) 화랑이 자리 잡아 전통과 현대를 고루 섭렵, 감상할 수 있는 문화의 거리로서 인사동의 얼굴이 바뀌고 있다.

- 조선일보, 路邊 박물관 인사동, 1981년 10월 10일자

그러나 모든 것이 그러하듯이 꽃시절도 한때, 1974년 골동품 중과세조치와 가짜 고서화사건, 1979년 금당골동품상 부부 살인사건 등으로 인해 골동품상들이 청계천 등지로 흩어지게 된다. 화랑들이 이 자리를 메웠으나 더욱더 큰 문제는 1980년대 중반 이후부터 고미술품의 공급이 줄기 시작했다는 것이다. 이래저래 골동품 거리로서의 명성에 위기가 온 것이다. 그런데 아이러니 하게도, '전통문화의 거리'로서의 인사동의 입지는 더욱 강화되었다. 아시안게임과 올림픽 같은 국가적 이벤트를 치르면서 '전통' 혹은 '한국적인 것'을 보여주어야 했고 인사동이 그 역할의 적임지로 주목된 것이다. 당시 종로구에서 문화정책을 담당했던 고완기 선생님의 회고를 들어보자.

'86년과 88년 아시안게임과 올림픽을 위한 쇼핑거리가 필요했지. 그래서 인사동을 키우자고 주장했고, 근 8년을 종로에서 생활하면서 담당했어. (중략) 인사동에 사람들을 끌어들이려면 이벤트가 마련되어야 하는데, '인사동 축제위원회'가 처음으로 조직되어서 이들 20명 정도가 돈을 갹출해서 1,000만 원 정도의 기금을 마련하고 구청에서도 1,000만 원 정도를 보조해줘서 행사를 추진했어."

- 2002년, 고완기 선생님 면담

그렇게 해서 1986년 종로구청과 주민들이 협력하여 인사동 축제를 시작했

고, 1988년 서울시는 인사동을 '전통문화거리'로 지정하였다. 지금은 전통 주점과 함께 인사동을 인사동답게 만들어내는 조연으로의 역할을 톡톡히 하고 있는 전통 찻집도 이 시기 등장했다. 귀천을 운영하는 목순옥 여사는 1985년 자신이 찻집을 열 당시만 해도 녹차 같은 전통차를 파는 곳은 경인화랑과 귀천이 전부였다고 하니, 전통찻집의 역사는 그리 길지 않다.

시즌 2에서 인사동은 골동품 거래 장소뿐만 아니라 전통문화 산업의 네트워크로서의 역할도 시작한다. 고미술과 관련되는 표구점과 필방 및 지업사, 고가구와 관련된 가구점이 들어섰고, 고미술품을 전문적으로 매매하는 화랑도 생겨났다. 그러나 현재는 관광객들을 위한 국적불명의 공예품을 팔고 있다는 비판을 받고 있다.

시즌 3: '전통문화의 거리' 의 독주 그리고 반전

시간적 배경이 1990년대 후반부터 지금까지인 이 시즌에서는 실재와 상징의 갈등이 본격화된다. '골동품 거리' 라는 실재보다 '전통문화의 거리' 라는 상징성이 확실하게 앞서게 되면서 실재가 그에 맞게 변해야 할 상황에 처하게 된 것이다. 이미 시즌 2에서 보았듯이 골동품 거래는 위축되었고 외부적으로는 경제적 위기가 왔다. 이에 대응하며 변화를 이끈 새로운 인물들이 있었으니 현대식 화랑의 화랑주들이 바로 그들이다. 도제식 훈련을 받은 표구나 고가구 상점 주인들과 달리 그들은 현대적 교육을 받고 예술적 감각을 지녔었다. 그래서인지 그들은 영리하게도 '전통문화의 거리' 라는 인사동의 사회적 상징성을 경제적 불황의 돌파구로 활용하기 시작한다. 돌파구를 찾던 기존의 상인들도 이를 지지했음은 당연지사. 현재 보이는 검은색 전돌, 화강석 물확, 장대석도 이러한 흐름 속에서 2000년에 놓였다. 당시 궁궐에서 쓰이던 소재가 인사동과 어울린다, 그렇지 않다 같은 논쟁이 일기도 했지만, 이러한 장소마케팅은 2002년 월드컵을 계기로 더욱 가속화 되었고 중장년층의 거리에서 젊은 이들의 거리로 변모하기 시작했다.

1996년 '걷고 싶은 거리' 지정

1997년 일요일마다 '차 없는 거리' 로 지정하여 '쇼핑하기 좋은 공간' 으로 마
　　　케팅

1998년 인사동을 문화특구로 지정해 달라는 서명운동을 벌여 인사동의 가치
　　　에 대한 대중적 관심 끌어내기

1999년 영국 여왕이 인사동에 납시도록 추진하고 이루어냄

2000년 '역사문화 탐방로' 공사

그런데 변화는 부작용도 갖고 왔다. 실재가 손상된 것이다. 방문객이 증가하자 자본력을 바탕으로 한 대형 건물들이 들어서면서 기존 공간 체계인 한옥과 골목길이 하나둘 무너지기 시작했고 기존 가세를노 오른 임대료를 지불할 수 있는 업종들로 재구성되었다. 오랜 시간을 지켜 온 지필묵과 고서적이 눈요깃감의 싸구려 전통문화의 복제품으로 대체되고, 골목길 곳곳마다 술집과 음식점들이 들어서게 되면서 고즈넉한 풍경은 사라지게 되었다. 1999년 지역상인 221명을 대상으로 벌인 한 설문조사에서 응답자의 60%가 '차 없는 거리' 시행 이후의 변화상이 '바람직하지 않다' 라고 말했을 정도다.

1999년 하나의 사건을 통해 이러한 갈등은 마침내 폭발했다. 한 건설회사가 정원 표구 화랑, 보원요寶原窯, 사보당四寶堂, 청도화랑淸道畵廊, 아원공방阿園工房 등 11개의 전통문화 업종 가게들과, 영빈가든이 옹기종기 모여 있던 터를 사들여 새 건물을 지으려 했다. 그래서 시작된 '열두 가게 살리기 운동'. 지역 상인들과 시민사회는 주말마다 서명운동을 벌이며 대중들에게 호소했다. '인사동을 지키자'. 그리고 이 반대 운동은 확산되어 1999년 12월 1일에는 사회종교인사, 문화예술인, 도시 관련 전문가와 지식인 261인이 '인사동길 작은 가게 살리기를 위한 공동성명서' 를 발표하기에 이른다. 결국 새건물을 짓겠다는 기획은 불발되었고 1999년 12월 22일 한시적으로 2년간 건축행위를 제한하는 건축허가제한이 발표된다.

상징성의 독주가 막아진 것이다. 이후 다시 땅 주인이 바뀌는 복잡한 과정을 거쳐 열두 가게 터는 결국 쌈지에 인수되어 재건축이 이루어졌지만 이 계기로 인사동은 새로운 전환을 맞게 된다. 2002년 4월 체계적으로 전통문화업종을 보호하고자 우리나라 첫 '문화지구' 로 지정되었고, 문화지구 지정 지원을 위해 도시환경 정비 차원의 '지구단위계획' 도 이루어졌다. 법규뿐만 아니라 내부인들도 인사동의 '전통문화의 거리' 라는 정체성을 유지하기 위해 다양한 시도를 했다. 일례로 인사동 보존회와 인사동 식구들, 인사동 제모습찾기 같은 주민 조직은 '인사동 역사문화탐방', '인사동 학교' 같은 프로그램을 운영했다. 그러나 2010년 한 TV 프로그램에서 '잃어버린 인사동' 이라는 제목으로 인사동에서 전통, 문화업종이 사라지는 현실을 다루는 걸 보면 상징성의 독주와 이로 인한 부작용은 끝나지 않은 셈이다.

2002년 열두 가게의 모습

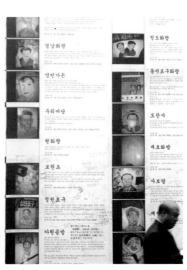

2004년 열두 가게 자리에 짓고 있는 쌈지길, 열두 가게의 존재를 알리는 가림막

시즌 4 예고편:
그래도 인사동은 매력적이니까

어떤가? 서스펜스와 감동이 있었던가? 지루했다면 연출력 부족이다. 그런데 드라마는 아직 끝나지 않았다. 낚싯줄이 될 수도 있지만, 관전 포인트를 짚어보도록 하자.

무엇보다도 계속될 상징과 실재의 쫓고 쫓기는 추격전이다. 골동품 관련 상가가 많았던 인사동은 어느 순간 전통문화의 거리라는 상징성을 획득했다. 즉 실재가 먼저였고, 상징화가 뒤따라왔다. 그러다 인사동은 그곳에서 파는 상품뿐만 아니라 인사동 자체가 상품이 되어가면서 '골동품'이나 '화랑'이 아닌 '이미지' 자체가 소비의 대상이 되었고 '전통문화의 거리'라는 상징성이 인사동을 지배하기에 이르렀다. 이에 따라 '전통'과 '문화'라는 우산 아래 들어올 수 있는 많은 것들이 인사동에서 유통되게 되었다. 전통체험 · 전통축제 · 한식집 ·

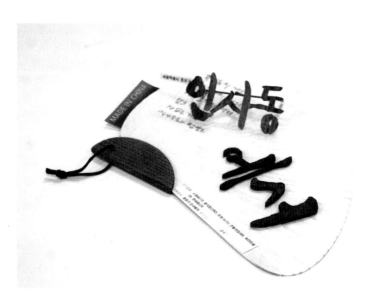

서울시 종로구 인사동(ⓒ유다희)

52

전통찻집·한복 등등. 풍경도 변하고 있다. 경우에 따라서는 키치적이라고 비판받을 수도 있는 한옥의 요소인 기와, 창살, 담장으로 장식된 현대식 건물을 흔하게 볼 수 있게 되었다. 스타벅스조차 외장이나 내부 인테리어에 있어서 전통적 소재를 사용했다. 이것들은 인사동에서의 전통이라기보다는 추상화된 전통에서 비롯된 시각적 요소들이라 할 수 있다.

그런데 다른 한편 '전통문화의 거리' 인사동의 실재에 대한 진정어린 고민들도 마냥 이를 지켜보고만 있지는 않을 것이다. 그들(보이지 않는 수많은 이들 그리고 그들의 고민)은 과연 인사동에서 전통이란 무엇인가에 대해 묻고 행동으로 옮긴다. 작은 가게 살리기 운동을 생각해보자. 그들은 지켜보다가 어느 순간 등장해 우리 이러면 안 되잖아 하면서 제도까지 바꿔냈다. 상징성의 독주에 제동을 건 것이다. 이 추격전으로 이 드라마가 막장 드라마는 되지 않을 것이라 전망해 본다.

2001년 스타벅스는 거부 당했지만 결국 입점했다. 대신 간판의 상호명을 한글로 하고 외장도 전통 문양을 사용했다.

어찌되었건 인사동은 매력적이다. 시간의 두께 덕으로, 골목골목을 채우는 이야기들로 인사동은 그야말로 문화적 허용성이 넓다. 남인사 마당에서 이루어지는 공식적인 문화 행사, 차가 다니지 않는 주말이면 거리에서 펼쳐지는 다양한 퍼포먼스, 대중을 향한 다양한 이들의 발언. 또 외국인들도 실컷 구경할 수 있다. 그래서 그리 짧지 않은 거리임에도 불구하고 걷는 재미가 쏠쏠하다. 이런 인사동의 거리 문화를 즐기며 다음 시즌을 지켜보자.

인사동은 골목골목 다양한 이야기를 갖고 있다(ⓒ이영범).

두 번째 이야기 묶음.

풍경 속 우리 이웃들을
주인공으로 하는 이야기

파고다공원의 비 오던 날의 풍경

4

종로3가의 할아버지들께,
먼지 마시는
놀이터를 선물하자

먼지 마시는 맛을
즐기시는 할아버지들

모든 차선이 교차하는 곳. 그리고 금호동 금남시장의 풍경이 파노라믹하게 펼쳐진 곳. 그곳에 한 할아버지가 앉아 계신다. 신호가 파란색으로 바뀌었는데도 그대로 앉아 계신다. 왜 하필이면 차갑고 옹색한 저 볼라드 위에 앉아 계실까. "왜. 여기. 이렇게. 앉아 계세요?"라고 질문을 건네지만 그는 그냥 흘깃 쳐다 볼뿐 대답이 없다. 그리곤 지팡이를 의지한 채 계속 앉아 계신다. 무안한 마음에 질문을 거두면서, '세상 구경을 하시는 거겠지'라는 허튼 짐작으로 답을 대신한다.

금남시장의 풍경과 할아버지

그런데 다행히도 다른 곳에서 이에 대한 답을 듣게 되었다. 금호역 주변 어느 마을버스 정류장의 벤치에 몇몇 할아버지들께서 대화도 없이 대로를 향해 앉아 계시기에 같은 질문을 드렸다. 한분은 '그냥'이라고 귀찮은 듯 답을 주셨으나, 다른 분은 농도 섞이고 은유도 섞인 답을 주신다. "먼지 마시는 맛이지 뭐." 철학자가, 시인이 따로 없다. 비록 경사진 길을 올라가야 하는 수고가 필요하지만 10분 정도 걸으면 경치 좋은 곳에 경로당이 있다. 그런데도 그들은 가끔 큰 길에 나와 영화 삼상하듯 서리의 풍경을 향해 앉아 먼지를 마신다고 한다.

도로가에서 먼지 마시는 할아버지들

종로3가에서 떡으로 한 끼 해결하시는 할아버지들

　　"먼지 마시는 맛"이란 은유적 표현을 풀어보자면, '사람들 사이에 섞여 삶의 생생함을 대면하고 싶다' 정도가 될듯하다. 할머니들과는 달리 공적 공간에서 삶을 꾸려온 그들은 일터에서 무슨 무슨 직함으로 불리며 대부분의 일과를 보냈었다. 보수와 자아성취가 있었지만, 다양한 책임도 따랐었다. 상사를 섬겨야 했고, 부하직원의 눈치를 봐야했다. 경우에 따라서는 고객도 섬겨야 했다. 그리고 어디 그뿐이겠는가? 경쟁시대 자기 개발도 끊임없이 해야 했다. 영어몰입의 시대라 영어를 공부해야 했고, 서점의 많고 많은 자기개발서는 아침에 일찍 일어나고, 팀장 리더십을 키우고, 자신을 리모델링하라고 주문해왔었다. 또 여기저기에서 압박해왔을 재테크에 대한 부담감도 말하지 않을 수 없다. 그래서 누구의 시처럼 그들의 젊은 날은 수행의 시간이었을지도.

가끔, 세상의 먼지를 마시고 싶다.
도시의 파수꾼처럼, 가능 높은 곳에서, 고요히 흘러 내려다 보고 싶다.
도시라는 숲의 전망대이자, 등대인 이곳에서......

먼지 마시는 등대지기, 할아버지(ⓒ유다희)

사무원 - 김기택

(전략) / 끝없는 수행정진으로 머리는 점점 빠지고 배는 부풀고 / 커다란 머리와 몸집에 비해 팔다리 턱없이 가늘어졌으며 / 오랜 음지의 수행으로 얼굴은 창백해졌지만 / 그는 매일 상사에게 굽실굽실 108배를 올렸다고 한다. / 수행에 너무 지극하게 정진한 나머지 / 전화를 걸다가 전화기 버튼 대신 계산기를 누르기도 했으며 / 귀가하다가 지하철 개찰구에 승차권 대신 열쇠를 밀어 넣었다고도 한다. / 이미 습관이 모든 행동과 사고를 대신할 만큼 / 깊은 경지에 들어갔으므로 / 사람들은 그를 '30년 간의 장좌불립長座不立' 이라고 불렀다 한다. / 그리 부르든 말든 그는 전혀 상관치 않고 묵언으로 일관했으며 / 다만 혹독하다면 혹독할 이 수행을 / 외부압력에 의해 끝까지 마치지 못할까 두려웠다고 한다. / 그나마 지금껏 매달릴 수 있다는 것을 큰 행운으로 여겼다고 한다. / 그의 통장으로는 매달 적은 대로 시주가 들어왔고 / (후략)

그런 그들이기에 집에선 휴식이 필요했다. 영화배우 송강호가 소파에 누워 졸다가 "빨래 좀 개줘!"라는 아내의 주문에 무심히 빨래를 강아지한테 던져주던 광고의 모습이 집에서의 그들이었을지 모른다. 그리고 남성들은 주로 공적 영역에서 활동하면서 '사적'인 영역이라고 간주되는 가족이나 연애 관계에서의 배려, 보살핌과 같은 일에 그리 익숙하지 않다. 남성의 '과묵함'이나 모든 면에서 감정적이지 않으려는 심리도 이 때문이다(정희진, 2005). 그런데 어느 날 공적 영역이 아닌 사적 영역의 공간에 남겨진 것이다. '공적 자아'(Anthony Giddens, 1992)가 강한 이들에게 그리 편하지 못한 상황임은 당연한 일.

종로3가의 할아버지들

지하철역내 작은 매점에서 산 떡과 오뎅 국물로 간단히 한 끼 해치우시고, 계단에 앉아 역 안을 오가는 이들을 하루 종일 무심히 바라보시는 종로3가 지하철역의 할아버지들도 같은 이유를 갖고 계신 것일까? 이분들도 먼지 마시는 맛으로 시간을 보내고 계신 걸까? 궁금함에 어느 해 겨울 한 할아버지께 질문을 드렸다. "왜 여기 계세요?" "오늘은 눈 오고 추워서 종묘공원에 못나가니까." 그런데 어느새 일군의 할아버지들이 두 겹, 세 겹 글쓰는 이의 주변을 감싸기 시작했다. "무슨 일이야?" "왜 여기에 있냐고?" "뭐하는 사람이래?" 당황해진 글쓰는 이는 "아무 것도 아니에요" 하면서 급히 그 자리를 피했다. 그들이 무심히 앉아계셨다고 생각한 건 착각이었다. 촉각을 세우고 관심을, 이야기 꺼리를 기다리고 계셨던 게다.

파고다공원은 한때 노인들이 많기로 유명했다. 1990년대 초에는 하루 노인 이용자가 300여명에 이르기도 했다. 그리고 이 시기 이용 행태는 단순히 소일하는 수준에 머물지 않고 나름대로 화려한 노인문화가 있었다. 만남, 강의, 고사성어, 붓글씨 등 다양한 장르에서 두각을 나타내는 스타들을 중심으로 그들만의 문화를 즐겼었다. 유명한 이야기꾼들이 고담이나 재담, 경험담, 시국담에 이르는 이야기를 시작하면 적게는 대여섯 명에서 많게는 백여 명에 이르는 청중이 모여 흥성한 '판'을 이루기도 했다(박승진, 2003). 그러나 몇 년 전 성역화 사업 후 기념공원으로 변모하면서 노인들은 파고다공원을 떠났다. 아니 떠날 수밖에 없었다. 공원 이용 시간을 제한했고 파고라, 벤치 같은 휴식시설을 철거했기에.

어디 공원뿐이겠는가. 다른 곳들도 다른 방식으로 그들을 배척한다. 젊은이들에겐 시간을 보내기에 종로만한 동네도 없다. 종로엔, 얼마의 돈을 치루고 앉아 있는지, 얼마나 오래 자리를 차지하고 있는지를 신경 쓰지 않는 것을 미덕으로 삼는 테이크아웃 커피숍이 정말 많다. 게다가 넓은 창가에 의자가 배치되어 있는 커피빈만큼 바깥세상 구경하기 좋은 곳도 없다. 인사동 화랑도 사람들이 늘고나는 것에 내해 뭐라 하시 않는다. 하시만 할아버지들에게 그 곳들의 심리적 문지방은 높다. 그 장소들의 인테리어, 음악, 조명 등등이 주는 분위기는 그들을 말없이 차별한다. 부르디외Pierre Bourdieu의 표현을 빌리자면 취향이 가져다주는 구별짓기라고 할 수 있다. 예전만 하더라도 다방이 있어 커피를 마실 공간이라도 있었지만 요즘은 다방도 찾기 힘들뿐 아니라 음식점, 놀이문화 대부분이 젊은 사람들을 대상으로 삼는다.

그래서 종로에서 종로3가역 계단같이 앉을 곳이 있는 장소만이 그들이 차지할수 있는 놀이공간의 전부가 된다. 이렇게 어르신네들에 대한 공간적 배려는 인색하다. 그런데 배려가 있더라도 점잖음과 고상을 전제로 한다. 욕망을 잘 이해하지 못한다. 경기도의 어느 동네에서는 주민들이 경로당을 몰아냈다고 한다. 할아버지, 할머니들이 술 드시고 가무를 즐기시던 게 화근이 되었던 것이다. 물론 인근 주민들은 시끄러웠을 것이고 술이 항상 즐거움을 가져다주지는 않을 테니, 술기운에 싸우는 분들도 계셨을 것이다. 자의반 타의반 치열한 생활 전선에서 벗어난 이들이지만 이들에게도 욕망은 있다. 세상 속에서 먼지를 마시고 싶듯이 말이다. 몇 년 전에 노인들의 성을 다루었던 〈죽어도 좋아〉(2002)라는 영화에서, 그리고 간혹 신문지상에 오르는 할아버지, 할머니와 콜라텍에 관련된 기사들이 이를 증명한다. 그런데 그들이 어두컴컴한 콜라텍 한구석에서나마 연배들을 만나 삶의 즐거움을 찾는 것이 현실이듯이 "알 수 없는 일"이라는 반응도 현실이다.

> "얼마 전 서울 영등포의 한 콜라텍에서 손님들이 불이 난 줄 알고 한꺼번에 출구로 몰려나오다가 할머니 한분이 압사하고 다른 노인 여러 명이 다치는 큰 사고가 일어났다. 그때 언론보도에서 노인들이 대낮에 웬 카바레 비슷한 곳에 모여서 춤추고 노느냐는 것이었다. 한마디로 알 수 없는 일이라는 반응이었다."
> - 문화일보, 2006년 9월 19일자

'먼지 마시는 놀이터'를 선사하고 싶다

그래서 종로3가의 어둡고 답답한 지하철에서 시간을 보내는 어르신들에게 놀이터를 선사해드리고 싶다. 그러고보면 어린이만 놀이터가 필요한 것은 아니다. 누구나 놀이터가 필요하다. 어린이 놀이터같이 동네 한 곳에서 만날 수 있는, 돈을 내지 않아도 되는, 어린이들의 놀이를 위한 시설물들이 있듯이 그들만을 위한 놀이시설물이 있고 동년배들을 만나 즐거움을 찾을 수 있는 작은 놀이터 말이다. 그러니 할아버지들에게도 그런 놀이터가 있으면 좋을 듯하다.

그러나 너무 뻔한 텃밭과 지압보도, 큰 돌에 새긴 장기판 같은 것들은 사절이다. 언젠가 할아버지들께 당신들께 필요한 공간을 물으면서 텃밭을 예로 들었다가 크게 혼난 적이 있다. 평생의 노동도 서러운데 텃밭에서 또 일이나 하라는 것이냐고 역정을 내셨던 것이다. 다른 인생의 여정을 걸어온 만큼 요구 또한 다를 텐데 우리의 대응은 너무 획일적이다. 공원 한 구석에 덩그러니 놓인 장기판도 성의 없기는 마찬가지다. 비싼 돌에 장기판 모양과 바둑판 모양을 새기고 주변에는 돌로 된 의자를 두지만, 의자는 너무 무거워 움직일 수 없고 그늘도 없다. 여름엔 뜨겁고 겨울엔 너무 차갑다. 그래서 그곳에 앉아 장기와 바둑을 두시는 모습을 보기는 쉽지 않다. 그렇다고 지금 글을 쓰고 있는 나나 그림을 그리고 있는 이도 별 다른 아이디어가 있지는 않다. 그들의 일상에 보다 밀착해야 한다는 의욕만 크다. 그러니 별 기대는 마시라.

일단 할아버지의 놀이터는 가능한 한 길었으면 좋겠다. 그리고 가능한 한 길을 따라 있었으면 좋겠다. 길을 따라서는 긴 의자가 쭉 나열되어 있을 수도 있겠다. 파리에 있는 카페의 의자들이 길을 향해서 있는 것처럼. 높은 탑도 상상해본다. 도시의 저 구석이 아닌, 이 길 한 가운데 세워진 그들을 위한 탑. 커피빈처럼

↑ 아이디어 얻기.
거리를 향한 파리 카페의 의자들

← 아이디어 얻기.
요조코(Wozoco)의 다양한 빛의
유리발코니(ⓒ백샛별)

↓ 아이디어 얻기.
유리발코니의 일상(ⓒ백샛별)

통유리 창가에는 의자가 놓여 있고 밖에서는 안 보이는 유리여도 좋겠다. 내가 세상을 구경할 수는 있지만 군이 나를 구경시킬 필요는 없으니까. MVRDV가 설계한 네덜란드의 노인주택 요조코Wozoco처럼 밖으로 튀어나온 유리방들은 어떨까? 어쨌든 이 탑의 주된 기능은 '바라보는 것' 이다. 그들의 세상구경을 더 확실하게 하기 위해선 망원경을 놓을 수도 있을 것이다.

의자에 녹음기와 사진기구로 구성된 디지털 날적이를 설치해 놓아도 좋겠다. 그들의 풍경보기가 기록이 되고 역사가 되도록 말이다. 물론 그들은 녹음기에 자신의 일생을 남길 수도 있을 것이다. 그리고 자신들이 세상을 향해 하고 싶은 이야기를 하실 수 있도록 연단이 있어도 좋겠다. 생의 대부분을 공적 영역에서 보낸 그들이기에 여전히 사회에 대해 하실 말씀이 많으실 게다.

아이디어 얻기. 이동가능하고 무한대로 확장하는 바르셀로나 해변가 할아버지들의 바둑 공간

공원 안쪽에는 할아버지들이 음주가무를 즐기실 수 있는 음주가무쉘터도 있어야 겠다. 쉘터에는 노래방기기가 있고 물론 방음은 필수일 것이다. 도시 한가운데 있고 싶은 그들의 마음을 유지하기 위해서는 타인에 대한 배려도 필요하니까. 물론 할머니들도 이용 가능하다. 이동하는 장기판과 바둑판도 있으면 좋겠다. 바르셀로나의 해변가처럼 훈수 둘 수 있는 공간도 반드시 필요하다.

할아버지들이 끼를 분출하실 수 있는 할아버지 콜라텍은 어떨까?(ⓒ유다희)

먼지 마시는 놀이터(ⓒ유다희)

5

길음동의 할머니들께,

수레놀이터를 선물하자

북한산 자락,
길음동의 그녀들

북한산 자락의 길음동에서는
남다른 기운을 느낄 수 있다.
서늘함이라고 해야 할지, 청명함이라고 해야 할지 여하튼 그런 게 있다. 북한산
의 신성한 기운이 시작되는 곳, 아니 체험되기 시작하는 곳이라 그런 거라 짐작
해본다. 반면 길음동은 사람의 마을이니 우리네 복닥복닥한 생활의 기운이 지배
하는 곳이기도 하다. 그러고 보면 길음동은 신성과 생활의 경계에 있다. 그리고
그 중심에는 그녀들이 있다. 길음동 주택가 어느 골목길에서 만난 파고라. 그 작
은 파고라 평상 위의 할머니들은 한 분, 두 분, 세 분…… 자그마치 열 분도 넘었
고 한쪽에는 '마늘작업장'도 임시로 만들어져 있었다. 그러니까 그 작은 평상은
대화의 장소이면서 노동의 장소이기도 했다. 할머니들 말씀에 따르면 식당이기
도 하단다. "점심에 혼자 밥 먹기 싫어. 여기 나와서 먹어야 먹는 것 같지." 끼니
때가 되면 집에 있는 밥과 반찬을 하나씩 들고 나오셔서 함께 드신다고 한다.

길음동 할머니들은 또 어디에 계실까? 아주 추운 겨울날이나 아주 더운 여름

평상을 다용도로 활용하시는 길음동의 할머니들

날이 아니라면 동네 어디에서나 그녀들을 볼 수 있다. 놀이터 벤치에서, 차가 모두 빠져나간 주차장 한 모퉁이에서, 길 가장자리에서 그녀들은 두런두런 담소를 나누며 나물을 다듬을 것이며, 초저녁이면 동네 근린공원에서 파워워킹을 할 것이다. 파격적으로는 길모퉁이에서 화투를 치고 있는 그녀들도 만날 수도 있다. 그녀들은 자신들이 있는 곳이 어디든지 쉼터로, 사교의 장으로, 운동 공간으로, 작업장으로 만드는 탁월한 능력이 있으니 말이다.

그런데 어디 실외뿐이겠는가. 동네 미용실과 목욕탕에서도 자주 그리고 많이 그녀들을 볼 수 있다. 그녀들에게 동네 미용실과 목욕탕은 저렴하게 스타일을

안산시 용하마을의 공원에 모여계신 할머니들
(ⓒ공공미술프리즘)

성남시 태평동의 손바닥 가게와 할머니들
(ⓒ공공미술프리즘)

경주의 어느 능 주변에서
파워워킹을 하시는 할머니

서울시 홍제동의 한 주차장 옆에서 게임을 즐기시는 할머니들

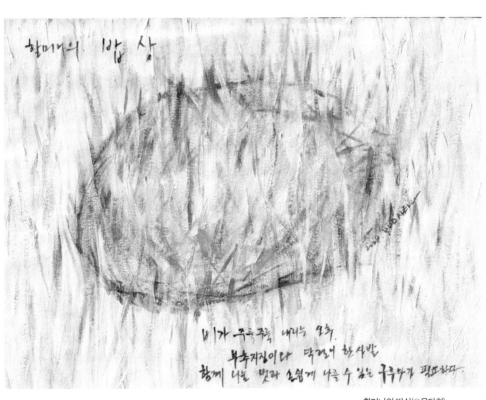

할머니의 밥상(ⓒ유다희)

바꾸고 찌뿌드드한 몸을 풀 수 있는 곳만이 아니라 항상 친구들을 만날 수 있는 곳이다. 찬물과 뜨거운 물, 건식 사우나실과 습식 사우나실, 옥 사우나실을 번갈아 오가다보면 시간은 그냥 훌쩍 지나가고, "내가 뭐 좀 갖고 왔는데 드셔보시겠소", "그럼 내가 음료수 살게" 그러다보면 난데없이 더운 사우나실에서 파티가 열리기도 한다. 재미가 붙어 미리 음식을 준비해오시기도 하고 언제 다시 목욕탕에서 만날 지를 약속하고 각자 가져올 음식을 정하기도 한다. 동네 목욕탕공동체가 만들어지는 것이다.

그녀들에겐 조국 대신 실속이 있다

길음동이 그러하듯이, 우리의 일상이 이루어지는 집이나 마을 같은 사적 영역은 보통 여성들이 주인이다. 반면 공적 영역은 남성들의 몫이 되었다. 공과 사라는 구분은 현대적인 정치제도와 경제체제가 형성되는 과정에서 더욱 강화되었고 공간으로도 이어졌다. 로버트 피시만Robert Fishman이 쓴 책 『부르주아 유토피아: 교외의 사회사Bourgeois utopias: the rise and fall of suburbia』(1987)에서는 런던에서의 교외화 과정을 통해 이를 잘 보여주고 있다. 18세기 런던의 성장은 시민들의 자부심이었으나 그로인한 과밀화는 어느새 불편이 되었다. 불편을 해결할 능력이 있는 중산층에게는 더욱 그러해 그들은 집을 직장과 분리시켜 교외지역으로 빠져나가 자신들만의 유토피아를 만들었다. 남자들은 도시(공적 공간)와 교외(사적 공간)를 오간 반면 여성은 공적 공간(도시)에서 멀어져 사적 공간(교외)에 남겨졌다. 여기에는 가족의 역할을 강조하는 복음주의 운동의 영향도 있었다. 어쨌든 이러한 분리로 여성들은 '과밀하고 추하고 비위생적일 뿐만 아니라 비도덕적인 일'(피시만은 이렇게 표현한다)에서 벗어나는 대신 자녀 교육, 남편에 대한 감정적·종교적 지원에 헌신하게 되었다.

이렇게 사적 영역에 남겨진 그녀들에겐, 철학자 김영민의 말처럼 조국이 없다. 고래로 낙랑공주는 호동왕자를 위해 자신의 나라를 버렸고, 영화 '색계'의 탕웨이는 양조위를 위해 동지들과 기획한 연극을 철회하고 죽음을 택했다. 조국은 대의명분이나 메타 서사에 대한 은유이기도 하다. 내가 어디에 속해야 하고, 속한 것에 충성을 하고, 그 안에서 자신의 정체성을 정립하기도 하는 그 무엇. 그러나 조국이 없는 그녀들은 대의명분보다는 자신 아니 자신이 꾸리는 가정의 실속이 중요하다. 그러니 또한 메타 서사가 아니라 사적 서사를 말한다. 즉 자기 이야기를 할 줄 안다.

언젠가 옥수동 경관의 역사에 관한 연구를 하면서 할머니, 할아버지들을 인터뷰한 적이 있다. "할머니 예전에 옥수동은 어땠어요?" "전쟁 끝나고 처음 왔을 때, 여우도 울고 나무로 꽉 찼었지. 차가 없어서 남대문시장까지 걸어 다녔어. 거기서 장사 했었어." 이렇게 이야기가 진행되다가 어느 순간 "그때 우리 둘째 애가 세 살이었는데 한번은 얼마나 아팠는지……" 하시면서 이야기는 곤궁했던 시절에 대한 회한으로 넘어가고, 눈물로 이어지기도 한다. "그때만 생각하면 말이야. 얼마나 마음이……" 말이 필요 없다. 당시의 생활이, 경관이 어땠는지가 그대로 와 닿는다. 섬세하게 복합적인 이야기를 풀어내는 그녀들의 능력에는 직업 소설가의 솜씨에 필적하는 그 무언가가 있다. 반면 할아버지들은 다르다. "그러니까 그 때가 박정희 대통령 때였지……" "정책 말고, 할아버지가 본 옥수동을 말해주세요." "그러니까 그때 서울시장이 아마 누구였을 거야." 역시 할아버지들에게 조국은 중요하다.

또 다른 사례, 몇 년 전 어느 지방도시의 한 공원에 대한 기본계획을 수립하면서 대안 하나는 대외적으로 보여주기 위한 공원으로, 다른 대안은 생활이 중시되는 것으로 제시했었다. 주민들과 회의를 하는데, 할아버지들은 "우리 구를 대표할 수 있는 멋진 공원이 있으면 좋지"라는 반응을, 할머니들은 "무슨 소리, 저녁에 줄넘기라도 할 수 있는 공원이 필요하지" 라는 반응을 보이셨다. 이렇게 그녀들은 자신의 이야기와 요구를 말할 줄 알고, 실속이 있다. 그래서 무례하게도 그녀들은 귀엽다.

그녀들의 이런 실속 차리기는 사적 영역을 넘어 공적 영역으로 확장되기도 한다. 마치 에너지를 곳곳에 보내는 플러그 같다. '엄마', '할머니' 라는 플러그에 여러 콘센트가 꽂히고 콘센트의 선들은 하이퍼링크 되면서 이곳저곳으로 뻗어나간다. '자식' 이라는 콘센트는 '교육', '먹거리', '육아 정책' 같은 것들로 연결된다. '집' 이라는 플러그는 '부동산 정책', '환경' 으로 연결된다. 누구의 엄마와 할머니가 되기 전에는 별 관심을 두지 않았던 것들이 중요한 화두가 되고 관심을 가져달라고, 에너지를 보내달라고 암시를 보낸다. 그리고 어떤 계기가 주어진다면 그녀들은 기꺼이 'ON' 이라는 글자를 빨갛게 밝힌다.

그녀들은 친밀성에도 능력을 갖고 있다

사적 서사를, 자신의 이야기를 할 줄 아는 그녀들이기에 사적인 관계에서 중요한 배려, 보살핌, 사랑 같은 친밀성에도 남다른 능력을 보여준다. 사회학자 앤서니 기든스Anthony Giddens는 친밀성이 사적 영역에서의 민주주의의 약속을 의미한다고 보는데, 그의 이야기를 좀 더 들어보자.

> 공적 세계가 삶의 주 무대가 되는 남자들이 관계 외적인 것에 의해 지탱되는 관계나 자기 외적인 것에 의해 지탱되는 자아정체성에 안주해 옴으로써 결과적으로 감정적, 정서적으로 취약해진 반면 여성들은 친밀성의 세계를 발전시켜 왔고 이를 조절하는 능력을 키워왔다. 그리고 이러한 여성들의 친밀성의 능력은 개인 간의 관계를 넘어 현대적 제도 전체를 변화시키는데도 기여할 수 있다. 공적 영역에서 민주주의가 실현된

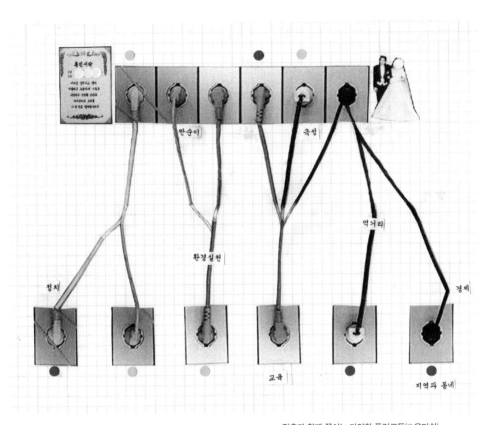

결혼과 함께 꽂히는 다양한 플러그들(ⓒ유다희)

것과 완전히 상응하는 방식으로, 개인 간의 상호작용 영역이 전면적으로 민주화되는 것을 함축한다. 친밀성의 구조변동은 현대적 제도 전체를 전복시키는 효과를 낳을 수도 있다. 경제성장의 극대화가 아니라 정서적인 만족을 추구하는 세상이란 오늘날 우리가 알고 있는 사회와 매우 다를 것이기 때문이다. 개인 생활의 민주화는 공적 영역에서 일어나지 않기 때문에 비교적 눈에 띄지 않는 과정이지만, 그러나 그 함의는 매우 심대하다. 개인 생활의 민주화는 공적 영역의 민주화에서와 마찬가지로 결국 모두에게 혜택이 돌아가는 것이지만, 여성이 지금까지 중요한 역할을 해온 과정임에 틀림없다.

- 기든스(1992)의 『현대 사회의 성·사랑·에로티시즘』에서 일부 발췌하여 재구성

이야기를 나누길 좋아하고, 친밀성의 세계에도 능한, 더불어 에너지도 왕성한 그녀들은 열심히 즐거움을 찾아다니신다. 물론 친구들과 함께. 할아버지들이 대화 없이 길을 향해 앉아 계신 것과는 달리 할머니들은 서로를 향해 앉아 말을 주고받으며 무언가를 공유한다. 성남시 태평동의 한 호프집에서는 저녁마다 맥주 한잔 하시는 할머니들을 만날 수 있다. 매일 저녁 '영감 저녁 차려주고' 나와서 맥주 한잔씩 하신단다. 이렇게 적극적으로 사회적 관계를 맺으려 하는 할머니들의 특성은 가끔 재미있는 이야기를 만들어낸다. 한번은 공공미술프리즘에서 할머니들을 대상으로 참여프로그램을 진행하는데, 몇 분이 머리에 파마를 만채 달려오셨다. '빨리 와서 좋은 자리 잡고 좋은 재료를 받기 위해서' 가 이유였다. "할머니 파마가 너무 꼬불꼬불 하지 않을까요?" "뭐 오래가고 좋지."

이러한 할머니들의 특성은 씁쓸하게도 상업적으로 이용되기도 한다. 약장사나 의료기기무료체험방은 건강도 챙기고, 친구도 만나고, 즐거움도 찾고자 하는 그녀들의 바람을 역이용한 것들이다. 공연도 하고 휴지 같은 선물도 주고, 가끔 유명한 사회적 인사를 불러다 좋은 이야기도 들려주니, 어찌 그녀들이 빠져들지 않을 수 있을까. 또 고생하는 젊은이들을 보면 자식 같기도 하고, 어른 깍듯이 모시는 이들이 추천하는 약과 의료기기니 믿지 않을 수 없으실 것이다. 텔레비전

공공미술프리즘의 벽화작업에
열심히 참여하시는 안산의 할머니
(ⓒ공공미술프리즘)

영감 저녁 차려주고 저녁마다 동네 호프집에 모인다는
성남시 태평동 할머니들(ⓒ공공미술프리즘)

의 사회고발 프로그램에서는 심심찮게 이를 문제로 다루지만 근절되지는 않는
듯하다. 이런 곳에서 허튼 돈을 쓰시는 할머니들을 탓할 것만이 아니라, 그녀들
이 놀 수 있는 놀이터가 필요하다.

할머니들에게 선물 하고픈
수레놀이터

그래서 그녀들을 위해서, 그녀
들을 위한, 그녀들에게 선물하
고픈 놀이터를 상상해보자. 그녀들에게 필요한 놀이터는 거창하지 않을 수 있
다. 그리고 굳이 어디에 고정되어 있지 않아도 된다. 공간을 창의적으로 활용할
줄 아는 그녀들이므로 몇 개의 시설만 있다면 그때그때 자신들이 원하는 놀이터
를 새롭게 구성할 수 있을 것이다. 근래 실험적으로 제시되고 있는, 노숙자를 위
한 움직이는 녹지 쉘터, 바퀴 달린 오벨리스크, 태양열집열판이 달려 별다른 에
너지가 필요 없는 수레분수에서 그녀들의 놀이터에 대한 아이디어를 얻을 수 있

Damián Ortega' s 의 공공미술 작품 'Obelisco Transportable'
(사진: http://publicartfund.org)

디자인 붐(designboom)의 디자인 컴피디션 Shelter in 'Cart' 에 제출된 'Sarcobush' (사진: www.designboom.com)

Charles Goldman의 작품 'Public Fountain' (사진: www.charlesgoldmanwork.com)

80

겠다. 이름하야 수레놀이터. 근래에는 지팡이와 장바구니 대용으로 유모차를 끌고 다니시는 할머니들도 많다고 하지 않던가.

먼저 대화를 좋아하는 그녀들이니 이야기를 나눌 수 있는 파고라 수레가 있었으면 좋겠다. 욕심을 더 내자면, 그녀들이 수다와 함께 건강도 챙길 수 있도록 찜질방 기능을 첨가해도 좋겠다. 물론 점심을 해먹을 수 있는 움직이는 야외 주방도 필요하다. 점심 반찬을 제공해줄 수 있는 움직이는 텃밭은 어떨까. 각자 몇 개씩 갖고 있다가 한 곳에 모인다면 도시 내 작은 농장이 되지 않을까? 미국의 롱아일랜드에 있는 **P.S. 1** 현대미술관P.S. 1 Contemporary Arts Center에서 진행하는 '젊은 미술가 프로그램Young Architects Program' 의 2008년 당선작인 워크 아키텍처Work Architecture의 '**P.F.1**Public Farm One' 처럼 말이다. 근래 유행하는 개념인 '작동하는 녹지operating green' 라는 게 뭐 별거겠는가? 이렇게 단순히 보는 녹지가 아닌 생산하고 움직이기까지 하니 말이다.

도시의 자투리 공간을 찾아내어 주민들과 함께 공원으로 만드는 한평공원 프로젝트나, 공공미술 프로젝트를 진행하면서 할머니들을 만나보면, 그들은 유난히 그네를 좋아하신다는 것을 알 수 있다. 어린아이처럼 그네에 몸을 싣고 흔들흔들 하는 그녀들을 보면 '귀엽다' 라는 무례한 표현이 다시 떠오른다. 그래서 그녀들을 위한 놀이터에는, 쭉~ 그네를 나열해도 좋을 것 같다. 그리고 파워워킹을 위한 트랙과 지압보도도 필요하다. 동네 공원을 찾은 어느 저녁 무렵, 한 무

워크 아키텍처(Work Architecture)의 '퍼브릭 팜(Public Farm)' (사진: www.ps1.org)

리의 여인들이 열심히 같은 방향을 향해 파워워킹을 하고 있었다. 그날 무슨 동네 걷기 대회가 있나 싶을 정도로 많은 이들이 결연한 표정으로 걷고 있었다. 참 진기한 풍경이었고, 당시 텔레비전에서는 파워워킹의 효과를 역설하고 있었던 만큼 방송의 교육적 효과를 절감했다. 그런데 한편으로는, 설계가가 자연과 문화니 지역성이니 하면서 이러저러한 개념을 열심히 구현하려했을 터인데 고작 이렇게만 공원을 이용하나 싶어 씁쓸했었다. 그런데 경주의 어느 작은 능 주변에서 파워워킹을 하시는 할머니를 발견하고는, 천년 역사의 공간도 저렇게 쓰이고 있는데, 하면서 어설픈 전문가적 시선을 스스로 탓한 적이 있다. 그러니 그녀들이 신나게 걸을 수 있는 길은 꼭 필요하다.

이렇게 할머니들이 각자의 손수레를 끌고나와 만드는 놀이터와 도시. 수레를 따라 그녀들의 남다른 능력도 전파되지 않을까.

할머니들의 수레놀이터(ⓒ유다희)

헤어타운, 헤어클럽, 미용실, 헤어샵 풍경. 단지 머리만 하는 곳은 아니다. 그녀들의 주요 커뮤니티 공간이다. 가끔 그녀들의 복지를 위해선 동네 미용실을 지원해주어야 하는 건 아닐까하는 생각을 해본다.

6

일본의 시라가와고白川鄕 마을,
아이들아 대륙을 점령하거라

시라가와고 마을에서 만난,
사방팔방 뛰어다니는 아이들

풍토에 맞서기 보다는 더불어 살기 위해 고안된 건축 요소들

이 지역의 독특한 풍경이 되고 그곳 사람들의 자랑이 되는 일이 일본의 시라가와고白川鄕 전통마을에서도 이루어졌다. 마치 손바닥을 합장한 모양과 같아 합장조合掌造라 이름 붙여진 삼각형의 크고 높은 지붕은 많은 눈과 험한 기후에 견디기 위한 것이라는데. 깊은 산속 합장조 지붕들이 옹기종기 이루는 마을은 너무나 아름답고 그래서 마을 전체가 유네스코 세계문화유산으로까지 등록되었다. 이곳을 방문했을 때, 옛 풍경에 '지금 여기'의 생기를 불어넣고 있는 이들이 있었으니, 요리조리 뛰어다니며 자신들의 공간을 충실히 즐기고 있는 아이들이 그들이다. 까무잡잡한 외모며 소박한 일상복에서 관광객은 아니리라 짐작했는데, 거침없는 행동에서 짐작을 사실로 굳힐 수 있었다. 관광객들이 많이 찾는, 그러

시라가와고(白川鄕) 마을의 어린이들

나 생활이 이루어지지 않는 옛집이나 옛마을은 박제화된 듯해 쓸쓸하고 체험도 피상적일 수 있다. 그런데 이 꼬마들은 이곳이 단지 전시적 공간만은 아님을, 사람살이가 이루어지고 있는 곳임을 여실히 보여주고 있었다. 관광객을 상대로 하는 아이스크림 가게 앞을 뛰어다니다 어느새 동네 작은 개울에서 물놀이를 하다가, 달리기를 하더니 또 어느 순간 학교 앞 놀이시설에 매달려 있었다. 좀 더 가까이에서 이렇게 사방팔방 뛰어다니는 어린이들을 사진에 담으려했지만, 도저히 그들을 따라잡을 수는 없었다. 유일하게 알고 있는 일본어인, "스미마셍"을 외쳐도, 별수 없는 일.

　이 일본 마을의 꼬마들처럼 우리네 도시에서도, 아니 전 세계의 어린이들은 사방팔방 뛰어다니며, 자신들만의 왕국을 만들었었다. 물론 이 왕국의 첫 번째 규율은 '놀이'. 브뤼헐Pieter Brueghel the Elder(1525~1569)의 그림처럼 말이다. 무려 250명이나 되는 아이들이 별 놀이기구 없이 80여 가지의 놀이를 즐기고 있다. 공간과 친구들만 있으면 얼마든지 창의적으로 놀 수 있다는 것을 증명하고 있

브뤼헐의 '아이들의 놀이(Children's Games)'

이 중 당신이 즐겼던 놀이는?

다. 숨은 그림 찾기 하듯이 어떤 놀이들이 이 안에서 펼쳐지고 있는지? 어릴 적 즐겼던 놀이는 무엇 무엇이 있는지? 찾아볼까나. 해답지는? 윌리엄스William Carlos Williams(1883~1963)의 시 'Children's Games'. 시인은 이 시로 퓰리처상까지 수상했다나.

Children's Games

- William Carlos Williams

This is a schoolyard crowded with children
of all ages near a village on a small stream meandering by
where some boys are swimming bare-ass
or climbing a tree in leaf everything is motion
elder women are looking after the small fry
a play wedding a christening nearby one leans
hollering into an empty hogshead
Little girls whirling their skirts about until they stand out flat
tops pinwheels to run in the wind with or a toy in 3 tiers to spin
with a piece of twine to make it go blindman's-buff follow the
leader stilts high and low tipcat jacks bowls hanging by the knees
standing on your head run the gauntlet a dozen on their backs
feet together kicking through which a boy must pass roll the hoop or a
construction made of bricks some mason has abandoned (후략)

그런데 지금은 어떠한가? 어린이들의 작은 왕국이었던 동네 골목길은 어떻게 되었던가? 공놀이와 사방치기놀이를 할 수 있는 공터는 사라졌고, 여자아이들은 공기놀이를 그 옆에서 남자아이들은 구슬치기나 딱지치기를 했던 골목길은 자동차에게 빼앗겼다. 놀이터에서만 놀아야 한다. 그러고 보면 놀이터라는 어린이들만의 공간은 좀 더 안전하고 즐겁게 놀 수 있는 곳이 아닌, '이곳에서만 놀아야 하는 곳'인 셈. 놀이터가 섬처럼 존재하게 된 것이다. 물론 물리적 환경 탓만을 할 수는 없는 일. 일찍부터 시작되는 사교육 덕으로, 온 동네를 시끌벅적하게

도시 속 섬으로 존재하는 어린이들의 놀이터

만들던 악동들은 얌전히 건물 안으로 들어가야 했다. 덕분에 어린이들은 집이라
는 섬에서, 학교라는 섬으로, 놀이터라는 섬으로, 섬들을 건너다닌다. 자신들의
왕국을 어른들에게 내주고 갖갖이 섬에 갇힌 것이다.

섬에 갇힌 아이들

이렇게 '어린이들이 섬처럼 고
립islanding of children' 되고 있다

는 것은 독일의 사회학자 헬가 제이허Helga Zeiher와 하트무트 제이허Hartmut Zeiher
의 의견인데, 근대화를 거치면서 어린이들은 어른들의 세상뿐만 아니라 다른
어린이들과도 분리되어 섬처럼 고립되고 있다고 본다. 공간뿐만 아니라 시간적
으로도. 생활이 여유로워지면서, '어린 시절childhood'이 특별하게 관리되기 시
작했고, 이 시절에 대한 추억을 남길 수 있도록 생일파티와 크리스마스 행사는
갈수록 근사해진다. 하지만 이는 어린 시절에 대한 어른들의 향수가 만들어낸
신화일 뿐. 결과적으로는 본토에 사는 어른들과 섬에 사는 어린이들은 세상을

섬 같은 아이들의 일상 : 「시간과 공간」이라는 섬」

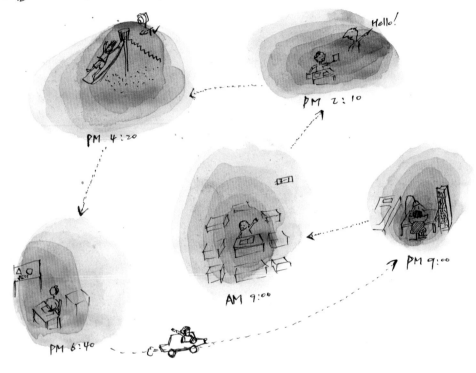

섬과 섬을 건너다니는 아이들의 일상(ⓒ유다희)

공유하지 못하므로 당연히 서로에 대한 오해는 깊어질 수밖에 없다. 어른들에게 있어 어린이들은 천사이거나 악마라는 극과 극의 이미지로 남고, 어린이들은 어른들의 세상을 염탐하지도 못한 채 갑자기 어른이 되어버린다. 그래서 존 질리스John R. Gillis라는 문화역사학자는 어린이들을 본토로 돌려보내야 한다고 주장한다.

　물론 어린이들을 본토로 돌려보내는 일은 쉽지 않다. 동네 놀이터에서 노는 어린이들을 보면 불안해서 자리를 피하기 어렵다. 안전사고를 대비해 덮은 미끄럼대의 지붕을 타고 올라가질 않나, 둘이서 같이 미끄럼을 타질 않나, 난간을 밟고 올라서질 않나, 아주 극성이다. "이런 이런……"하면서 혀를 차 봐도 소용없고, 고작 할 수 있는 일이란 아래와 같이 말장난을 하는 것뿐. 물론 이것은 그들이 좋아하는 놀이 행태일 터.

　　모든 수직적인 것에는 기어오른다.
　　모든 공중에 있는 것에는 매달린다.
　　모든 구멍은 통과해야 한다.
　　모든 경사진 곳에서는 미끄럼을 탄다.
　　모든 움직이는 것은 일단 정지시켜봐야 한다.
　　모든 높은 곳에서는 뛰어내린다.

낯선 이를 조심하라는 안내판.
다소 씁쓸하지만

　그런데 놀이터에서 다치는 일은 아주 사소할 수 있다. 우리가 근래 겪은 가슴 아픈 일을 생각한다면, 어린이들을 섬에서 나오게 하자고 말 하는 게 쉽지 않다. 요즘 오후가 되면 학교 앞은 어린이들을 안전하게 하교시키고자 하는 부모들의 차로 복잡 거린다고 한다. 이런 상황이니 부모들은 어린이들이 동네 놀이터에 나가는 일조차도 꺼릴 수밖

왜 미끄럼대를
거슬러 올라가는지?
그것도 지붕을 타고

올라서라고 만든 난간이 아니건만

혼자, 똑바로 앉아서 타라고
만들어진 건데

왜 굳이 미끄럼대로 향하는
길목에 서서 오락을 하는지

에 없고, 행정은 모든 놀이터에 CCTV를 달 계획을 세우고 있고 초등학교는 없 앴던 담장을 복원하고 있다. 그러나 앞으로 늘어날 CCTV는 감시자는 되어도 보호자가 되지는 못한다. 몇 년 전 안양에서 사고가 일어났을 때, 경찰은 어린이 들이 사라지기 전까지의 이동 경로를 조사했었다. 화장품 파는 아줌마는 이들이 물건 사는 모습을 보았고, 또 누구는 자신의 가게 앞을 지나는 장면도 포착했다. 은행 CCTV도 이들의 경로를 알려주는 수단이 되었다. 이렇게 누군가는 이들을 보고 있었다. 하지만 보호자는 되지 못했다. 관점의 전환이 필요하다.

아이들에게 다시 대륙을 주자

어린이들의 놀이에 대한 이해 를 높이고, 정보 교환을 목적으 로 하는 'the Free Play Network' (홈페이지: http://www.freeplaynetwork.org.uk)라는 단 체는 2007년 6월부터 7월까지 온라인상에서 어린이들의 안전과 위험에 대한 토론을 벌였다. 이 토론에서 한 놀이시설물 회사 대표는 위험 없이는 창의성도, 열정도 없다고 강조한다. 또 앞에서 등장했던 문화역사학자 존 질리스John R. Gillis를 다시 등장시키면 엄마와 둘이 있는 집만큼 세상에서 위험한 곳도 없단다. 그러니 위험을 두려워해 어린이들을 섬에 가두는 것만이 정답일 수는 없다.

그래서 다양한 측면에서 아이들을 해방시키는 기획이 필요하다. 영국의 뉴캐 슬 대학교University of Newcastle Upon tyne 조경학과 교수 매기 로Maggie Roe가 수행한 연구에서 한 영특한 일곱 살짜리 꼬마는 이런 말을 했다고 한다. "어른들은 무조 건 나무에 오르지 못하게 막지만 말고, 수영처럼 어떻게 하면 나무에서 떨어지 지 않을 수 있는지 알려 달라." 그러니까 이 꼬마의 말은, 어떻게 하면 나무에서 잘 놀 수 있는지 도와달라는 것이다. 당돌한 녀석. 그러나 틀린 말은 아니다. 어 린이들이 스스로가 자신의 안전에 대한 책임감을 갖도록 교육하는 것도 필요하

나무와 어린이(ⓒ유다희)

어린이들의 사방팔방 놀이터(ⓒ유다희)

섬처럼 '외롭' 지어진 도심의 놀이터를 넘어, 아이들이 움직이는 공간 모두가 놀이터가
길가에서 아이들을 만날 동네, 아이들이 노는 소리로 가득한 동네, 아이들은 동네 주

다. 많은 연구가 어린이들 스스로 위험을 통제할 줄 알고, 어른들이 없을 경우 더욱 주의한다고 보고하고 있으니 추진해볼만한 일이다.

또 장기적으로는 우리의 도시를 어린이들에게 무서운 곳이 아닌 안전하고 친근한 대상이 되도록 끊임없이 노력해나가는 작업도 필요하다. 영어로 하자면 'child-friendly communities'. 어린이의 관점에서, 섬에 가두는 것이 아니라 본토를 같이 사용하겠다는 관점에서 우리의 도시와 마을을 바라다보고 만들어 나가야 할 것이다. 물리적인 환경부터 사회적 환경까지. 동네의 모든 이가 감시자를 넘어서 보호자가 되도록. "어 여기서 놀던 ○○이가 어디 갔지?" 하면서 서로 염려해주고 아껴주도록. 스스로가 사랑받고 존중받는 환경에서 자란 어린이들은 자기 존중감도, 자신의 마을에 대한 존중감도 클 수밖에 없단다.

군이 유명한 학자의 말이나 통계수치를 거론하지 않더라도 '어린이들은 뛰놀면서 자란다'는 사실은 명백하다. 몸만 자라는 게 아니라 마음도 자란다. 어떻게 친구들을 사귀어야 하는지 어떻게 자신들만의 놀이 규칙을 만들고 지킬

수 있다면.
들이 볼 수 있는 동네, 노느라 지각들이 빈번한 동네를 꿈꾼다.

것인지, 또 어린 동생들을 보호하고 양보하는 방법. 어디 그뿐이겠는가, 동네 어른들을 대하고 사귀는 방식도 터득하게 된다. 그래서 그들에게 놀이는 그냥 놀이가 아니다. 체육활동이기도 하며 사회활동이기도 하다. 그러니 어린이들은 시라가와고 전통마을에서처럼 사방팔방 뛰어다니며 놀아야 한다. 그것도 자신들의 상상력을 한껏 발휘하면서. 우리의 골목은, 동네는, 도시는, 어린이들의 웃는 소리와 생기로 가득 차 다소 시끄러울 수 있겠지만, 그건 우리 서로 감수하도록 하자.

아이구! 그런데 저 녀석들은 자전걸 타고 어딜 가려나? 또 어떤 생기를 불어넣으려고?

저 아이들은 또 어디에다 생기를 불어넣으려고 행차를 나서시나

96

도시 곳곳의 우리 어린이들

7

안산시의 국경 없는 마을,
향수와 낭만을 넘어서
문화번역의 장으로

지하철역의 공중전화 부스,
이곳과 그곳을 잇는 혹은
이곳도 저곳도 아닌 제 3의 공간

쓸모없어지던 지하철역의 공중전화가 다시 이용자를 찾았다. 선 채로 전화기에 매달려 낯선 언어로 대화를 하는 이들. 그 내용을 알 수는 없지만 작은 폭으로 높다가 낮아지는, 낮다가 높아지는 목소리 톤에서 그들이 평범한 일상을 이야기하고 있음을 눈치 챌 수 있다. 자녀의 교육문제를 의논하고 있을 수도 있고, 누구의 건강을 염려하고 있을 수도 있는 그들. 몸은 이 나라에 있지만, 관심은 다른 나라에 있고 또 다른 일상을 살고 있는 것이다. 그리고 이국의 언어는 지하철역을 잠시 동안이나마 다른 곳으로 만든다. 이곳과 저곳을 이어주는 제 3의 공간. 아니 이곳도 아니고 저곳도 아닌 공간일 수도. 아이러니다!

이주민들을 위한 공중전화. 안산시의 '국경 없는 마을'

이러한 제 3의 공간을 혜화동에서는 정기적으로 만날 수 있다. 매주 일요일 하루, 혜화동 성당 앞에서는 장터가 선다. 장사를 하는 이들도 물건을 사는 이들도 모두 필리핀인이고 사용하는 언어도 불본 필리핀어이다. 여기서 한국말은 오히려 어색하다. 그런데 주 판매 품목인 필리핀 음식, 전화카드, 장난감 중 무엇이 가장 잘 팔릴까? 음식이라고 한다. 오랫동안 자신의 입맛을 길들인 음식은 가장 그리운 존재인가 보다.

한국에 온지 6년 되었다는 한 여자분께 일주일에 한번 열리는 장터는 아쉽지 않냐고, '필리핀 거리'가 있으면 좋지 않겠냐고 물으니, 늦게까지 일을 해야 해서 평일에는 나다닐 수도 없을뿐더러, 이렇게나마 간간히 같은 나라 사람을 만날 수 있고, 필리핀 음식을 살 수 있는 것만이라도 다행이라고 한다. 하지만 그런 곳이 있으면 좋겠다고, 소심하게 의견을 피력한다.

매주 일요일 혜화동 성당 앞에서 열리는 필리핀 장터

필리핀 전통 음식을 즐기는 필리핀 디아스포라

제 3의 공간, 디아스포라

앞의 일시적이고 정기적인 제 3의 공간과 달리, 일상화된 제 3의 공간이 있다. 지하철 4호선을 타고 안산역에 내리면 길을 건너자마자 이국적 경관을 만날 수 있다. 한자로 써 있는 간판, 태국어로 손님을 호객하는 이들, 우리나라에서는 흔히 볼 수 없는 야채를 파는 식품점, 거리를 채우는 익숙하지 않은 향신료 내음, 이곳은 다름아닌 안산 원곡동의 '국경 없는 마을'이다.

'국경 없는 마을'이라는 이 멋진 말은 '안산이주민센터'에서 비롯되었고, 안산이주민센터는 다시 '안산외국인노동자상담소'에 그 뿌리를 두고 있다. 그럼 '안산외국인노동자상담소'는 처음 어떻게 만들어졌을까? 원래 안산시 원곡동은 반월 시화공단이나 주변 지역 공단 노동자들이 밀집해있던 곳이었으나, 점차

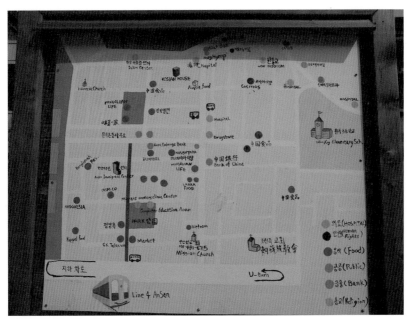

국경 없는 마을의 지도

'국경 없는 마을'의 food scape

한국인 노동자들이 빠져나가면서 침체되었고 공간적으로도 헐거워졌다. 대신 그곳을 외국인 근로자들이 채웠다. 산업연수생으로 들어왔던 외국인 근로자들이 임금착취와 구타 등등의 문제로 직장을 무단이탈해 원곡동으로 하나둘씩 모여든 것이다. 일단 임대료가 값쌌고, 한국노동자들이 썰물처럼 빠져나간 공장에서 일할 수 있었기 때문이다. 그리고 외국인 근로자들의 숫자는 점점 증가해, 2002년 한때 4만 5천여 명까지 이르렀다가 현재는 3만 5천 명 정도가 거주하고 있다. 러시아, 중국, 파키스탄, 인도네시아, 방글라데시, 스리랑카, 필리핀, 몽골 등 국적도 다양해 대략 58개국에서 온 이들이 이곳에 있다고 한다. 이러한 과정 속에서 1994년 대한예수교장로회가 외국인 노동자들의 인권침해와 임금착취 같은 문제를 돕기 위해 '안산외국인노동자상담소'를 설립했다. 추후 '안산이주민센터'로 명칭이 변경되었고, 1995년 이 센터가 '국경 없는 마을 설 축제'를 열면서 처음으로 '국경 없는 마을'이라는 단어를 사용했다.

국경 없는 마을에 살고 있는 디아스포라의 모국 국기로 만든 조형물.
옆에는 안산다문화마을특구라는 안내판이 있다.

우리는 '국경 없는 마을' 처럼 모국과의 연결망을 놓지 않은 채 정착지에서 자신들의 마을을 만들어나가는 곳을 '디아스포라' 라고 부를 수 있다. 디아스포라는 원래 송교적·정치적 이유 때문에 모국에서 추방되어 다른 곳에서 주변적인 존재로 살아가는 이주민들을 지칭하는 개념이었다. 하지만 최근에는 다양한 이유로 모국을 떠나 다양한 국가에서 살고 있는 커뮤니티를 의미한다. 물론 코리안 디아스포라도 있다. 식민지배, 제 2차 세계대전과 한국전쟁, 군사정권에 의한 정치적 억압, 새로운 땅에서의 새로운 희망 등등으로 상당수에 달하는 사람들이 뿌리의 땅인 한반도를 떠나 이국에 정착지를 만들고 있다.

코리안 디아스포라의 역사는 짧지 않지만, 대한민국에서의 디아스포라의 역사는 그리 길지 않다. 세계의 웬만한 도시면 있는, 대표적인 디아스포라 차이나타운조차도 대한민국에는 쉽지 않았다. 하지만 근래 많은 외국인들이 다양한 방식과 경로로 생존의 기회를 찾기 위해 대한민국으로 이주해오면서 다양한 디아스포라가 만들어지고 있다. 원곡동 이외에도, 조선족 동포와 중국인들이 주로 거주하는 구로구 가리봉동 일대의 '연변거리(혹은 조선동포타운)', 용산구 동부이촌동의 '일본인 마을', 서초구 반포4동에 모여 사는 프랑스인들의 '서래마을', 용산구 이태원동의 '이슬람마을' 등등. 덕분에 우리는 안산시의 원곡동에서는 파키스탄, 인도네시아 음식을 싼값에 먹을 수 있고, 중국 식품점에서는 '향차이' 같은 색다른 채소를 구입할 수도 있다. 반포동에 있는 서래마을에는 몽마르트라고 명명된 언덕도 있고 바게트를 굽는 빵집과 와인 가게들도 있어 이국의 정취를 느낄 수 있다.

이렇게 한국에 찾아온 외국인들은 주로 서울과 수도권으로 모이고 있다. 살아가는데 필요한 다양한 서비스가 제공되고, 직업을 얻기 편하며, 정보를 얻기 쉬워서이다. 간단히 말해 서울은 이른바 '세계 도시' 이기 때문일 테다. 2007년 8월 행정자치부가 발표한 외국인주민 실태조사에 따르면 '2007년 5월 현재 대한민국에 거주하는 다국적 주민은 722,686명으로 주민등록인구의 1.5%를 차지하고 있으며, 2006년의 536,627명보다 35% 증가' 했다. 이주민들은 선진국 출신 다국적 기업의 한국지사 직원들과 고소득전문직종의 종사자 그리고 한국 사람들이 꺼리는 3D 노동시장에 진출하려는 저개발국 출신의 가난한 노동자들로 양분된다. 안산의 국경 없는 마을은 후자에 해당된다.

'아' 하면 '어'가 안 되는 타자

'이곳도 저곳도 아닌' 혹은 '이곳과 저곳을 이어주는' 아이러니의 디아스포라는 매혹적이면서도 두려운 공간이다. 나와 다른 모습과 다른 언어는 우리의 호기심을 발동시키기도 하지만 당혹스럽게도 한다. 그냥 서로 구경꾼으로 있을 때와 달리 서로의 삶이 얽힐 때, 물질적이건 심적이건 여유가 없을 때 매혹보다는 당혹과 두려움이 더 가깝게 느껴질 수 있다. 에마뉘엘 레비나스Emmanuel Levinas의 표현을 빌리자면, 우리는 우리의 의식으로 투명하게 타자를 알 수 없다. 언어와 문화적 토대가 너무나 다른 타자는 더욱더 그러할 수밖에. 나의 행동에 어떠한 반응을 해올지 예측하기 어렵기 때문이다. '아' 하면 '어' 라는 반응이 와야 할 텐데, 기대할 수 없다. 영국인 문화지리학자 팀 에덴서Tim Edensor는 인도에서의 낯선 경험을 이렇게 말한다.

> 어떻게 먹어야 하고, 농담은 어떻게 하고, 웃거나 앉으려면 어떻게 해야 하지? 모두 열거하자면 끝도 없겠지만 이 모든 것들은 나의 생소함이 어느 정도였는지를 알려주며, 내 모든 일상적이고 무의식적인 행동과 추측, 습관, 지각이 타자들의 일상세계에서는 얼마나 부적절한 것이 되는지를 보여준다.
>
> - 팀 에덴서의 『대중문화와 일상 그리고 민족 정체성』(2008, p.63)에서

왼쪽은 '국경 없는 마을'의 어느 쪽 방집 화장실. 각 방마다 화장실이 하나씩 배당되어 있다.

2008년 추석 무렵. '다문화 거리 특구' 지정으로 공사가 한창이었다.

2010년 추석 무렵.
특구 지정을 알리는 안내판과 환경조형물이 세워져 있다.

안산시의 국경 없는 마을에서도 이 양가적인 입장을 만날 수 있다. 국경 없는 마을의 중심가로는 2008년 깔끔히 정리되었다. 아스팔트 포장도로는 특색 있는 보도용 포장도로로 바뀌었고 가로등, 벤치, 조형물 등도 새로운 디자인으로 교체되었다. 전신주 등 통신시설은 모두 지중화 되어 거리 풍경이 한층 깔끔해졌다. 이러한 단장은 '다문화 거리 특구' 지정 때문인데, 다양한 국적의 외국인들이 사는 이곳을 관광자원으로 활용하겠다는 것이다. 즉 디아스포라의 매력을 장소마케팅하겠다는 의도다.

그런데 원곡동 주민들은 이런 장소마케팅에 회의적이다. 앞서 잠깐 언급했듯이 이 지역의 노동자들은 한국 사람들이 꺼려하는 노동을 대신하는 가난한 이들이다. 그래서 이들의 삶은 열악하고 불안정하다. 새벽 인력 시장을 통해 일자리를 찾고 날품을 파는 이들, 합법적으로 체류할 수 있는 2년이 지나 불법체류자가 되는 이들. 이들의 열악한 삶은 주거 환경에서 고스란히 드러난다. 산업화가 급속히 이루어지던 시대의 '쪽방'을 이곳에서는 다시 볼 수 있다. 3층의 다가구 주택의 모든 방들은 하나하나 쪼개져 서로 다른 입구를 갖고 있다. 가구별로 지정된 화장실은 이 작은 집에 얼마나 많은 가구가 있는지 보여준다. 그리고 부박한 삶에서 비롯되는 불화. 길에서 만난 한 주민에게 유치한 질문을 해보았다. "어느 나라 사람하고 어느 나라 사람이 가장 사이가 안 좋아요?" 그런데 돌아온 답은 의외였다. 나라, 민족 간의 싸움보다는 내부적 싸움이 많단다. 외부자에게는 모두 '중국인', '러시아인', '인도네시아인'이지만 이들 또한 다양한 배경을 갖고 있기에, 같은 '중국인', '러시아인', '인도네시아인'이라는 소속만으로 서로간의 차이를 조율해나가기는 쉽지 않은가 보다. 그래도 또 같은 언어를 쓰는 이들이 만만하니 서로에게 싸움을 거는가 보다. 이 주민은 이러한 불화로 안산에 사는 게 무섭다고 이사를 가야할지 고민이라고 한다. 그러니 당연하게도 이런 장소마케팅이 그리 좋게 보이지만은 않을 것이다.

**그럼에도 불구하고,
향수와 낭만을 넘어
문화 번역의 장으로**

세계화 시대, 이제 우리는 많은 곳에서 일시적 혹은 생활화된 '제3의 공간'을 만나게 될 것이고 매혹도 두려움도 빈번해질 것이다. 아니 어쩌면 일상화될 것이다. 그래서 설렘은, 매혹은 계속 가져가더라도, 어떻게 이 낯선 이들에 대한 두려움을 없애고 진지한 관계를 맺을 것인지, 어떻게 소통할 것인지, 어떻게 매력과 두려움의 사이에 긍정의 다리를 놓을 것인지에 대한 고민이 필요하다. 그러므로 우리는 김현미(『글로벌 시대의 문화 번역』, 2005)의 제안처럼, 한 언어를 다른 언어로 대치하는 언어번역뿐만 아니라, 타자의 언어, 행동 양식, 가치관 등에 내재된 문화적 의미를 파악하여 '맥락'에 맞게 의미를 만들어 내는 '문화 번역'이 필요하다.

풍경에 대해 말하는 이로서 우리가 우연히 만나게 되는 일시적, 상시적 제3

이국적 경관을 즐기는 연인

의 공간, 디아스포라는 좋은 문화 번역의 공간이 될 수 있을 것이라고 말해본다. 어떻게? 디아스포라의 매력에 주목하자고, 그 매력은 향수와 낭만일 테니 이를 잘 활용하자고. 두고 온 삶의 풍경이 비록 아름답지만은 않더라도 가지 못하는 곳은 그립다. 그래서 디아스포라는 '향수의 공간'이다. 그곳에선 내겐 익숙하고 맛나지만, 문화가 다른 이에게는 거북스러울 수 있는 향신료 섞인 음식물을 눈치 보지 않고 먹을 수 있고, 음식이 환기시키는 떠나온 시간과 공간의 기억을 즐길 수 있다. 물론 내 언어로 말할 수도 있다. 이러한 디아스포라는 또 '낭만의 공간'이기도 하다. 우리는 국경 밖의 '저곳'에 대한 막연한 낭만을 갖고 있기 때문이다. 옆의 사진에서 아주 작은 땅은 열대지방의 풍경을 간단히 흉내내고 있을 뿐인데, 젊은 남녀는 사진 찍기에 열심이다. 사진 한 장으로 신비화된 이국 풍경에 대한 낭만을 해결하고 있다. 그러니 이주민들이 모여 사는 디아스포라는 오죽하겠는가.

그런데 뒤통수가 따가워진다. 앞서 은근 비판했던 안산시 국경 없는 마을의 '다문화 거리 특구' 지정과 별반 다르지 않은 제안인 듯해서, 자신의 의지가 아닌, 정치적 혹은 경제적 이유 같은 외적인 이유로 어쩔 수 없이 자기가 속해 있던 공동체를 떠나야 했던 디아스포라에게 낭만과 향수를 운운하는 건 그리 올바르지 않은 듯해서 그렇다. 재일조선인 2세 서경식의 글은 이런 관념적 접근을 더욱 부끄럽게 한다.

> 모어의 공동체로부터 떼어져 다른 언어 공동체로 유랑해간 디아스포라들. 그들은 새롭게 도착한 공동체에서 항상 소수자의 지위에 놓여, 거의가 지식과 교양을 익힐 기회마저도 박탈당한다. 그런 곤란을 극복하고 언어를 쓸 수 있게 되더라도 그것을 해석하고 소비하는 권력은 언제나 다수자가 쥐고 있다. 그 호소가 다수자에게 편안한 것이라면 상대해주지만 그렇지 않을 경우에는 차갑게 묵살해버리는 것이다.
>
> - 서경식의 『디아스포라 기행』(2009)의 에필로그 중에서

그래도 어쩔 수 없다. 계획과 설계라는 이름 속에서 풍경의 미래를 그리는 이로서 긍정을 이야기할 수밖에 없으니까. 우리는 향수와 함께 향수를, 낭만과 함께 낭만을 넘어설 수 있을 것이라고 낙관하자고 말할 수밖에. 이를 위해서 일단 서울의 디아스포라부터 순례해보자. 그리고 그 풍경을 함께 즐기자. 그러면서 우리가 알고 있는 외국 음식의 기본 리스트인 '중국-자장면, 일본-스시, 인도-카레'에 '우즈베키스탄-사므(빵 속에 삶은 고기를 넣은 음식), 몽골-마유주(말 젖을 발효시킨 전통술), 인도네시아-전통 감자떡'을 추가시키자.

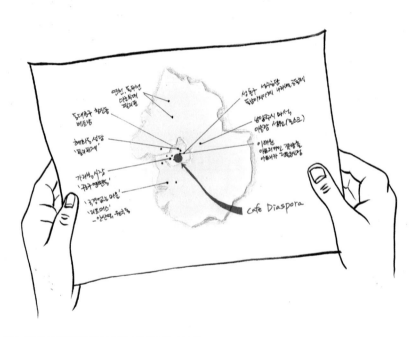

일단 서울과 서울 근교의 디아스포라를 찾아보자(ⓒ유다희).

이국의 낭만을 즐길 수 있는 디아스포라 카페(ⓒ유다희)

풍경에 우리 이웃들이
숨겨 놓은 이야기

소나기 내린 직후의 청계천 다리 난간

8

청계천의 무지개, 우주가 보여준

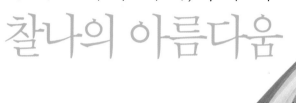

찰나의 아름다움

숨은 그림 찾기,
공통점을 찾아라!

밑의 첫 번째 풍경은 서울 종로 길가에 조성된 한 수경 공간이고, 두 번째 사진은 청계천의 풍경이다. 세 번째는 영주시 부석사 앞 인공 호수이고, 네 번째는 태국의 작은 도시 치앙마이Chiang Mai 가까이에 있는 도이인타논 국립공원Doi inthanon National Park 매야폭포Mae Ya Waterfall이다. 이 산은 태국에서 가장 높고 이 폭포는 치앙마이에서 가장 아름답다고 한다. 그러니까 이 사진들은 아주 복작복작하고 도시성이 높은 곳부터 자연성이 높은 곳의 순으로 나열되어 있다. 문명의 첨단인 도시에서 문명의 혜택에서 벗어난 원시림까지.

대한민국 서울 종로

대한민국 서울 청계천(사진: 네이버 블로그 Camper Princh)

대한민국 영주시 부석사 앞

태국 도이인타논 국립공원의 매야폭포

이렇게 다른 네 곳의 풍경이지만 저 네 사진에는 공통점이 있다. 무엇일까? 숨은 그림 찾기를 해보자. 비록 규모와 형태에서 차이가 나지만 일단 물이 있다. 도시의 작은 분수, 인공하전, 관광지의 인공호수와 웅장한 자연의 폭포이다. 또 다른 공통점은? 당연히 네 사진 모두에서 명확하게 무지개를 볼 수 있다. 그렇다. 시끌시끌 도심에도 정랑한 산속에도 무지개는 뜬다. 행복하게도.

찬란한 만남

위키백과에게 물어보니 무지개는 '공기 중에 떠 있는 수많은 물방울에 태양빛이 닿아 그 물방울 안에서 굴절과 반사가 일어날 때, 물방울이 프리즘과 같은 작용을 하여 나타나는 현상'이란다. 그러니 아름다운 무지개를 보기 위해서는 먼저 수많은 물방울과 태양빛이 있어야 한다. 물론 프리즘 역할을 할 수 있는 높이와 위치여야 한다. 게다가 이를 보는 당신도 있어야 한다. 당신이 적당한 위치에 서 있어야만, 당신이 눈길을 주어야만 무지개는 존재한다. 이 삼자간의 대면이 있어야 무지개는 있다. 현상학적 표현으로 '만남'이라고 해야 할까?

일상을 살면서 순간순간 우리는 이러한 우연한 만남의 순간을 갖는다. 추운 겨울날 늦은 오후, 강북에서 강남 쪽으로 버스를 타고가다 한강 쪽을 바라볼 때, 물과 빛이 만드는 향연은 너무나 아름답다. 수많은 굴곡을 지닌 수면은 빛을 만나 작은 그림자를 만든다. 빛과 그림자가 뒤섞이면서 나타나는 물결의 무늬들. 미학자 문광훈의 표현을 빌리자면, 반짝이는 수면은 수천수만의 무늬와 굴곡을 가지고 있다. 당연히 거기에도 여러 만남이 있다. 일단 출렁이는 한강과 석양으로 지는 태양이 있으며 물론 구름도 영향을 준다. 태양빛의 양을 조절해 태양과 한강이 매일매일, 매순간 새롭게 만나도록 주선한다. 당연히 버스를 타고 가는 당신도 있어야 한다. 그러한 만남 속에서 한강은 콘크리트 속을 흘러야 하는 옹색한 신세에서 벗어나 자신도 자연의 일부분임을 과시할 수 있고, 당신 또한 작은 버스 안 신세에서 벗어나 자연과 교감을 나눈다. 그럴듯한 일이다.

재래시장 파라솔 아래의 빛나는 세상

또 다른 예를 들어보자. 더운 여름날의 어느 재래시장, 상인들이 뜨거운 햇살을 가리기 위해 펴놓은 파라솔 아래를 지나다 보면 간혹 큰 호사를 만나기도 한다. 고딕 성당의 스테인드글라스가 부럽지 않다. 파라솔을 통과하면서 빨강색, 파랑색, 노란색 등 갖가지 색을 갖게 된 빛은 태양의 존재를 다시금 각인 시킨다. 파라솔 아래의 세상은 치열한 삶의 현장이지만 위에는 하늘의 영광이 있다. 가을날 이른 아침 낙엽이 내려앉은 길은 아니 가을이 내려앉은 길은 어떻게 찍어도 그림이 된다. 네온사인의 인스턴트 도시의 희뿌연 밤, 우연히 고개를 들어 본 하늘의, 별빛의 반짝임은 또 얼마나 반가운가?

가을 노란 은행나무 길은 우리의 감성을 자극한다(ⓒ유다희).

우주, 무한을 바라보기

자연의 기본적 원소들인 공기,
물, 태양과의 만남. 궁극적으로
이러한 만남은 당신과 '우주'와의 만남이라고도 할 수 있다. 우리가 나타나기
전에도 있었고, 우리가 사라진 뒤에도 있을 근원적인 것들이 무시간적으로 순환
하는 우주. 우주라는 커다란 단어 앞에서 '만남'이라는 단어를 쓰는 건 좀 건방
져 보일 수도 있겠으니 우주의 현상을 잠깐 엿보는 순간이라고 바꿔 말하자. 우
리의 문명이 만든 세상이 전부일 것이라고 착각하고 살지만, 우주는 문득 문득
자신을 보여줘 도시 너머 '저기'가 있음을 암시한다. 무지개로, 별빛으로, 파라
솔을 통과한 형형색깔의 빛으로, 회색 콘크리트 속 빨간 맨드라미로.

비행기로 몇 시간만 날아가면, 추운 겨울의 한국에서 벗어나 찬란한 태양을
한껏 즐길 수 있다. 과학의 발전으로 세계는 나날이 좁아지고 있다. 멀지 않아 서
울에서 아침을 먹고, 뉴욕에서 점심을 먹고, 런던에서 저녁을 먹을 수 있는 날이
도래할 수도 있을 것이다. '아침은 서울에서, 점심은 부산에서'를 꿈처럼 이야
기 하던 그 시절이 이미 현실이 된 것처럼. 그럼에도 우리는 우주의 큰 흐름에서
벗어날 수 없다. 서울에서 절실하던 오리털파커가 몇 시간 뒤 이국에서는 바로
짐이 되는 것처럼 말이다.

우리는 또 이성적 존재라고 으스대지만, 4계절의 날씨 변화에 감성이, 기분이
오락가락하는 것도 어쩔 수 없다. 풋풋한 봄의 연둣빛 새싹에, 알록달록한 꽃에
괜스레 설레어하면서 새로운 만남을 꿈꾸고, 여름의 소나기에 시원해하고, 가을
날 갑자기 노란빛으로 변한 길에서 스산함을 느끼고, 겨울의 어느 날 아침, 밤새
새하얗게 변해버린 세상 앞에서 미학적 감성과 상상력에 빠져들기도 한다. 자연
을 이용하고 있다는 우리의 잘난 체가 민망할 따름이다. 자연의 어떤 성분은 우
리의 신경 어디를 자극해 화학작용을 일으키고, 그 결과로 나타나는 감성의 변
화와 기분. 우리도 화학반응을 하는 우주 속 하나의 생명체일 뿐인 것.

회색 콘크리트 도시를 뚫고 핀 빨간 맨드라미의 여름
가을이 내려앉은 도시의 거리

120

온몸으로 겨울을 맞는 도시의 조각상
도시 지붕 위에 핀 봄(ⓒ유대성)

그런데 우리는 자발적으로 그 '민망함'을 찾기도 한다. 가끔 세상살이에 흥미를 잃었을 때, 혹은 불현듯 기분전환을 하고 싶어 자연의 무한을, 우주를 찾는다. '내가 사는 공간이 내게 속하면서도 나를 넘어 저 먼 곳까지 이른다는 느낌'(문광훈), 무한성을 체험하기 위해서이다. 그래서인지 시인 김승희의 말처럼, 강가에 사는 사람은 강을, 산골에 사는 사람은 산을, 평원에 사는 사람은 지평선을 바라보기를 좋아한다. 바르셀로나 한 해변의 의자들이 마주하지 않고 모두 바다를 향하는 것에는 그런 이유가 있을 게다. 무한히 펼쳐진 바다에서 우리는 반대로 무한히 작아진다. 우리만 작아지겠는가. 가슴에 품고 간 그 어떤 무언가, 사랑의 시련이라든가, 직장에서의 어려움이라든가, 만만치 않은 일상이라든가 뭐 그러한 것들도 작아진다. 뭐 삶 자체가 하찮게 여겨질 테니. 그래서 거기에 위안이 있는 것이다. 아이러니하게도 말이다. 광활함 앞에서 나타나는 '그 까이꺼'의 정신. 망망대해 앞에서의 '겸손'. 이건 다시 시인 김승희의 읊조림이기도 하다.

바다를 향해 배치된 콘크리트 의자. 바르셀로나의 한 해변가

견딤의 형식

  - 김승희

(전략)
사람들은 모두 그렇게 무한이 오는 곳을 / 바라보기를 좋아한다.
한 번 태어나서 / 한번은 꼭 죽기 때문이다.
한번만 사는 삶인데 / 한 번 밖에 못사는 삶인데
여기, 이렇게, 아무래도 남루한 냄비 속이 / 너무 좁지 않으냐 하고

물음 대신, 울음 대신으로 / 저기, 저 먼 곳을 끝없이 힘을 다해
훨, 훨, 바라보는 것이 아니냐?
비행기가 날아가는 저 하늘을, 구름이 흘러가는 저기 저곳을,
저기, 저, 방금 사라지는 휘트니 휴스턴의 / 노랫가락 사이를.

가끔은 우주를 만나자

이 도시에서, 우주를 만나자, 무한을 바라보자. 시간을 쪼개어, 들로 바다로 산으로 달려갈 수도 있지만, 그리 쉬운 일은 아니니 도시 안의 일상에서 '찬란하게 잠깐' 이나마, 섬광같이 찬란히 빛나는 만남을 갖자. 그러기 위해선 무엇보다 일상과 도시를 아름답게 보고자 하는 마음과 눈이 필요할 테니 한번 애써 보도록 하자. 그래서 다행히도 그렇게 된다면, 어느 사진작가의 작품처럼 비온 다음날 거리에 고인 물웅덩이가 작은 옹달샘으로 보일 수도 있을 것이다.

녹색 천으로 가로수 나무와 가로등 기둥을 연결한 프리즘의 2008년 작품 'GREEN! HAPPY VIRUS' 에서 푸른 물결을 쉽게 상상할 수도 있을 것이다.

트럭에서 떨어진 플라스틱이 점령한 도로의 풍경에서 초록빛 자연을 연상할

수도 있을 것이다.

　가을날 은행나무 길은 반 고흐의 작품이 공간화된 건 아닌가 하고 고개를 갸우뚱할 수도 있을 것이다.

　아름답게 흩날리는 버드나무 잎들은 도로 위에서 왈츠에 맞춰 춤춘다고 혼자 상상할 수도 있을 것이다.

　한여름 매연 가득한 도로 위에 깨진 수박덩어리로 만나는 색과 냄새로 순간 적으로 우리는 원시의 청량감을 맛볼 수도 있을 것이다.

　도시의 빨간 벽돌 사이의 이끼에서 태고의 자연을 상상할 수 있을 것이다.

　시인 황인숙처럼 비 소리를 들으면 '전신이 초록 빛 울창한 나무가 된 듯' (시집 『자명한 산책』(2008)의 시 '비'의 일부분) 느낄 수도 있을 것이다.

공공미술프리즘의 작품 'GREEN! HAPPY VIRUS'. 푸른 물결이 연상되는가?

트럭에서 떨어진 플라스틱 스틱. 초록 자연이 연상되는가?

도시의 빨간 벽돌 사이의 이끼에서 태고의 자연을 상상할 수 있을 것이다(ⓒ어반플롯 서호성).

시인의 작업이 그러하듯이, 조경이라는 작업도, 공공미술이라는 작업도 우리를 순수한 자연의 한 요소로 되돌리는 그런 작업일 수 있으니, 우리부터 그런 감수성을 챙겨야했다. 그래서 많은 사람들이 가끔은 우주를 만나도록 도와줄 수 있기를 꿈꾸자. 누가 보건 말건, 우주는 자신의 순환을 지속하면서 무심히 자신의 존재를 드러낼 뿐이니, 찰나의 풍경을 엿보는 건 온전히 우리의 몫!

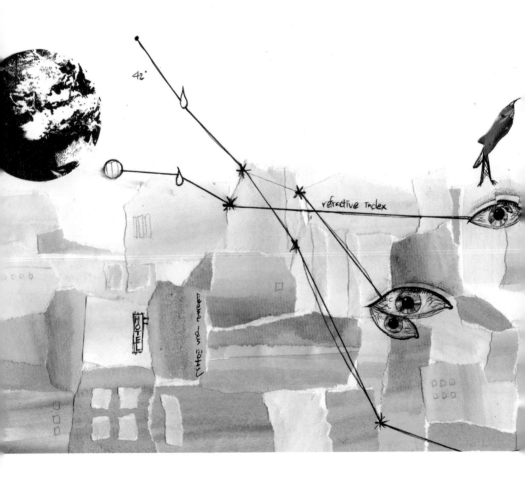

도시에서 찰나의 아름다움을 발견할 수 있는 눈과 감성을 회복하자(ⓒ유다희).

9

에든버러의 모자 쓴 흄,
도시의 위트

엄숙한 영국에서의 발견,
당신의 반응은?

다음 세 사진은 보수적이고 무
뚝뚝하기로 정평 나있는 영국
에서 발견한 풍경이다. 일단 스윽 보자. 이때 즉각적으로 나타난 당신의 반응은?

풍경 1: 에든버러의 로얄마일

풍경 2: 글라스고우의 한 거리

풍경 3: 런던의 한 뒷골목

첫 번째 사진은 스코틀랜드의 에든버러 성으로 올라가는 중심가로, 로얄마일에서 포착한 풍경이다. 동상의 주인은 데이비드 흄David Hume(1711~1776)이다. 근내 경험주의 철학의 완성자인 동시에 스코틀랜드 계몽주의의 설계자이기도 한 그는 에든버러에서 태어났기에 스코틀랜드의 자랑이다. 그래서 그가 에든버러 프린즈 페스티벌의 거점인 이곳을, 에든버러 성을 찾는 관광객들로 항상 복작거리는 이 길목을 의젓하게 지키며 앉아 있는 것은 당연하다. 너무나 자랑스러운 존재니까. 그런데 어라 이상하다. 도로공사를 하면서 옆에 세워둔 차량통행 금지 봉을, 누군가 그에게 모자로 선사했다.

두 번째 사진도 영국 스코틀랜드의 한 풍경이다. 도시는 달라서 수도인 글라스고우의 한 거리이다. 여신같이 멋지게 차려입은 여인은 마치 동상처럼 서 있다가 앞에 놓인 작은 상자에 누군가 동전을 넣으면 새처럼 춤을 추기 시작한다. 비둘기들과 어울려 아주 곱고 우아하게. 그리곤 마지막엔 새들이나 냄직한 휘파람 소리를 내면서 동전을 넣은 이에게 감사를 표한다. 몇 푼 동전에 대한 보상치고는 너무 값지다. 그래서 구경꾼들은 여인이 동상으로 돌아가기가 무섭게 서로 번갈아가며 동전을 넣어 그녀를 춤추게 한다.

세 번째 사진은 런던에서 포착한 장면이다. 1950년대 만들어졌다는 깜찍한 자동차는 'Handy Man'이라는 상호를 내달고 비눗방울을 깜찍하게 내뿜으며 달리고 있다. 스피커를 통해서는 과장된 억양으로 광고를 해 사람들의 관심을 모은다. 깜찍한 자동차와 비눗방울은 칙칙한 런던의 뒷골목을 한 순간에 동심 속으로 밀어 넣는다. 자전거를 탄 이는 가던 길을 잠시 잊은 채 구경하는데 여념이 없고, 관광객들은 카메라를 들었다.

위의 세 풍경에서 당신의 반응은? '큭큭큭' 혹은 '빙그레'가 아닐는지. 물론 당신은 저 위의 제목에서 글쓴이가 어떤 의도로 풍경을 제시했을지 짐작했을 것이다. 그래서 의도된 반응을 '굳이' 피했을 수도. 아니면 정말로 별 재미없었을

지도. 하지만 사진 찍은 이가 이 풍경들과 마주쳤을 때를 상상해봐라. 낯선 여행지에서, 학창시절 '데카르트는 합리주의, 흄은 경험주의' 이렇게 달달달 외우던 철학자의 동상을 올려다보았는데 우스운 꼴을 하고 있다거나, 엄숙한 표정을 한 이들 속에서 매혹적인 자태로 춤추는 여인을 만났다거나, 축축한 런던의 뒷골목에서 알록달록한 비눗방울을 보았다거나, 그 당시 즐겁지 않았겠는가? 그런데, 그나마 조금이라도 있었던 재미도 뒤의 이 긴 설명으로 사라졌다면…… 그럼 미안할 뿐. 유머란 원래 타이밍이 중요할 지언데.

도시의 위트를 찾아서

위의 세 풍경처럼 가끔은 뜻하지 않게 '큭큭큭' 또는 '빙그레' 웃게 만드는 풍경을, 여행지가 아닌 일상에서도 만날 때가 있다. 풍경에 몰입하여 나도 모르게 얼굴에 표정을 넣는 순간, 저 건너편의 낯선 이도 무표정하던 얼굴에 표정을 새긴다. 그러다 눈이 마주치기도 한다. 겸연쩍지만, 용기 내어 시선을 피하지 않는다면 서로 눈웃음을 주고받게 된다. 모르는 이들이 서로 순간적으로 감정을 공유하게 된 것이다. '네가 웃는 이유를 나도 알고 있지!' 이심전심, 염화미소. 그렇게 우리는 명랑한 풍경 앞에서 정서적 소통을 하고 풍경에 참여하게 된다. 너도 나도 '피식피식 큭큭큭 빙그레 빙그레.'

이런 풍경은 예측하지 못한 순간에 만날 때 더욱 빛을 발한다. 가장 흔한 것은 낙서일 것이다. 낙서는 아날로그적인 댓글놀이기도 하다. 언젠가 어느 고등학교 근처의 전봇대에는 어디에서나 볼 수 있는 벽보가 붙어 있었다. "언제 어디어디에서 강아지를 잃어버렸습니다. 어떤 색이고 목에는 무슨 무슨 모양의 방울을 달았습니다. 꼭 찾아주세요. 연락주시는 분에게 사례하겠습니다." 이 평범한 글

귀 밑에는 우리나라식 댓글이 달려 있었다. "잘 먹었습니다. 감사합니다." 누군들 이 댓글에 웃지 않으랴. 물론 외국인이 본다면 야만적이라고 하겠지만, '낙서는 낙서일 뿐 오해하지 말자!'

노시의 대표석인 위트인 낙서는 '그래피티'라는 현대 미술의 한 장르로 발전했다. 그 소재며 도구에 있어서 나날이 발전하고 있어 단순한 장난이나 반달리즘이라는 오명에서 벗어나 어떤 시대정신을 표현하기도 하고 지역공동체와의 소통을 원하는 예술가들의 수단이 되기도 한다. 그야말로 거리의 예술이 되었고, 덕분에 우리의 도시체험은 보다 흥미로워졌다. 프랑스 작가 앙드레André가 발명한, 긴 다리와 ×와 ○ 모양의 두 눈을 갖는 'Monsieu'는 익살스러움으로 어린이나 나이든 이 모두 즐겁지 않겠는가.

앙드레의 'Monsieu' (자료: Tristan Manco(2005), *Street Logos*, London: Thames & Hudson, p.78)

또 영국 미술계로부터 앤디 워홀 이후 팝아트계의 최고 슈퍼스타라고 평가받는 뱅크시는 영국의 도시 뿐만 아니라 세계 여러 나라를 다니면서 자신의 유머 감각을 남긴다. 한 후미진 브리스틀 거리에는 영국 경찰들을 풍자하는 작품을 남기고 다른 도시에서는 또 거기에 맞는 풍자로 도시에 즐거운 숨구멍을 터준다. 뱅크시 작품이 어디에 있는 지를 알려주는 여행안내 책자까지 있다니, 그의 명성이 만만치 않다. 한번은 런던 한 골목에서 바닥에 그래피티 그리는 이를 발견해 구경하고 있는데 옆에서 누군가가 '뱅크시' 라고 알려준다. 마음은 '정말 당신이 그 유명한 뱅크시가 맞냐?' 하며 기념사진이라도 남기고 싶었지만 용기를 내지 못해 돌아섰다. 내내 아쉬웠는데, 나중에 들어보니 뱅크시를 사칭하는 이들이 많다고 한다. 가짜 뱅크시도 출몰하는 걸 보면 자신의 벽에 그림이 그려진 집주인이야 어떻든, 그의 작품은 사람들과 명랑하게 소통하고 있는 듯하다.

브리스틀에 있는 뱅크시의 작품(자료: www.banksy-wallpaper.com)

그런데 허락받지 않은 낙서뿐만 아니라 허락받은 가로의 공공시설물이 우리를 웃음 짓게 만들기도 한다. 감전을 주의하라는 캐나다 어느 지역의 안전 표시는 아주 효과적으로 경각심을 불러일으키는 한편, 고통의 만화적 표현이 우리를 킥킥거리게도 한다. 영국 레드카Red Car라는 지역 바닷가의 펜스는 또 어떤가? 'Red Car' 라는 지역 이름도 발랄한데, 바다를 배경으로 펜스가 만드는 풍경은 더 발랄하다. 이 펜스를 보는 순간 절로 입이 반달을 그린다. 저쪽편에 있는 펜스에는 어떤 그림이 있는지 궁금하지 않을 수 없고, 보는 이가 없다면 따라 해보고 싶기도 하다.

감전을 조심하라는 경고판(자료: CLOLORS Magazine(2006), *SIGNS*, Cologne: TASCHEN, p.133)

영국 레드카의 한 펜스

맨체스터의 특이하게 생긴 가로시설물은 무엇에 쓰는 물건인고? 몇 번을 이 앞을 왔다 갔다 했지만 이용하는 이를 볼 수 없어 확인할 수는 없었으나, 자세히 보면 남자용 간이 화장실이란 걸 알게 된다. 공원도 아니고, 외진 곳도 아닌 거리 한 가운데 저 가로시설물이 서 있다. 디자이너는, 맨체스터시의 공무원은 과연 사용하라고 만든 건지, 그냥 한번 웃으라고 만든 건지, 그 의도를 알 수 없다. 하지만 어두운 밤에는 사용하는 누군가가 있을 수도 있겠다. 인디아의 어느 안내판이 강력하게 금지하는 일을 방지하는 효과는 분명 있을 테니.

맨체스터의 가로시설물

인디아의 한 경고판
(자료: CLOLORS Magazine(2006), *SIGNS*, Cologne: TASCHEN, p.153)

굳이 장난기를 섞지 않더라도 작가의 근사한 작품은 주변 맥락과 겹쳐져 어떤 유머 코드를 만들어낸다. 영국 리버풀에 있는 조형물의 동그란 모습은 보는 이의 동심을 자극한다. 그런데 저 조형물이 놓인 공간적 배경을 안다면 저 작품은 더욱 돋보이리라. 리버풀은 산업혁명의 혜택을 받은 항구도시이며 비틀즈의 고향이기도 하다. 호시절의 항구며 산업시설이 세계문화유산으로 지정될 만큼 당시의 리버풀의 산업은 대단했지만 산업의 재편으로 점차적으로 쇠락했고 도시의 이곳저곳은 슬럼화 되었다. 저 조형물이 놓인 지역 또한 슬럼 지역이라 사방에는 깨진 병과 쓰레기가 넘치고 건물들의 창문도 깨져 있다. 그런데 그 속에서, 주변의 우울을 가볍게 다스려내는 저 풍경을 만나게 된다. 다행히도.

리버풀의 한 조형물

이런 조형물 외, 우리를 웃게 만드는 또 다른 풍경은 거리 공연이다. 스페인 바르셀로나의 람브라La Rambla거리는 '거리공연 특화 거리'로 부를만하다. 긴 거리를 따라 다양한 이들이 사람들의 시선과 발걸음을 이끈다. 거리 공연 중의 기본인 음악공연은 물론이고, 석고상처럼 서 있다가 동전을 넣으면 움직이는 공연자, 불 쇼를 하는 공연자, 지나가는 이를 흉내 내는 공연자. 몇 번을 오가도 지루하지 않다. 거리 공연이 많은 또 다른 거리로는 앞에서 잠깐 등장했던 에든버러의 로얄마일이 있다. 프린지 페스티벌 기간 동안 로얄마일은 자신들의 공연을 홍보하기 위한 이들, 거리공연 자체를 보여주기 위한 이들로 그 자체가 무대와 객석이 된다.

바르셀로나 람브라 거리의 거리공연   에든버러 프린지 페스티벌 기간 동안의 거리공연

우리도 '쿡쿡쿡 풍경' 혹은
'빙그레 풍경'을 생활화하자

유머의 효과에 대해 찾아보니 다음과 같이 정리되어 있다. "유머는 불필요한 긴장과 대립을 한 순간에 해소시켜 여유를 주는 힘을 갖고 있다. 또 마음의 빗장을 열어 경계심을 허물게 하고, 따뜻하게 소통하게 한다." 또 유머는 당파와 의견 차이를 초월하는 힘도 있어 미국의 백악관은 전문 유머작가를 두고 있단다. SBS 방송의 어느 프로그램은 중학생들을 상대로 유머 감각 높이기, 유머실력 키우기 같은 유머교육을 했더니 학생들의 정신건강지수, 대인관계 능력이 증가되었다고 보여주었다. 그래서 이젠 성공을 위해선 EQ를 넘어 유머지수인 HQ가 필요하다고 한다. 그런데 성공까지, 사회적 경쟁력까지 논하지 않더라도, 유머가 우리의 일상을 즐겁게 하는 윤활유라는 건 당연한 사실일 테니, 우리 모두를 위해서 필요하다.

그래서 당연히 우리 도시 풍경에도 유머는 필요하다. 아니 좀 더 정확하게 말하자면 유머를 이끌어낼 다양한 활동이 필요하다. 카와 몇몇 학자들(Carr et al., 1992)은 사람들이 공공공간에서의 일상을 만족시키는데 필요한 바를 안전 comfort, 휴식relaxation, 소극적 참여passive engagement, 적극적 참여active engagement, 발견discovery으로 정리했는데, 거리에서의 공연이나 벽화, 환경 조형물은 소극적인 참여나 적극적인 참여 그리고 가장 단계가 높은 발견에 일조할 수 있다. 사람들은 거리에서 길거리 공연을 구경(소극적 참여)하거나 길거리의 조형물을 감상하며 낯선 이와 대화를 트거나(적극적 참여) 에든버러의 페스티벌 같이 시간을 내어 거리의 공연을 찾아가기도(발견) 한다.

하지만 안타깝게도 우리의 도시는 이에 참 인색하다. 서울에서 그래피티를 즐길 수 있는 곳은 홍대앞 정도, 거리 공연을 볼 수 있는 곳은 인사동거리나 대학로, 신촌 정도가 아닐까? 그런데 이러한 거리에서도 쉽지는 않다. 문화의 거리라

불리는 인사동거리에서조차도 거리 한 가운데는 차량으로 꽉 차고, 거리의 가장자리는 '남의 장사 방해하지 말라'는 상인들의 불만으로 쉽게 판을 펼치기가 어렵다. 최근에는 벽을 장식하는 일도 늘어나고, 거리 한쪽에 야외무대 같은 걸 만들기도 했지만, 그러한 '허락'과 거리예술이 본연적으로 추구하는 '자유나 예술적 역동성'이 행복하게 동거할 수 있을지는 의문이다. 디자인 서울도 좋고, 멋진 광고도 좋다. 하지만 좀 서툴고 투박하더라도 생활냄새가 나는, 그래서 개입하고 싶어지는 그런 꺼리도 있었으면 한다.

빡빡하게 짜인 도시의 시스템에 균열을 내는 생동감으로 우리의 발걸음을 멈추게 하는,

긴장한 이들을 잠깐이나마 무장해제 시키고 피식거리게 하거나 낄낄대게 하거나 빙그레 웃게 하는,

낯선 이와 서로 눈웃음을 주고받고, 잠시나마 정서적 공동체를 형성할 수 있는,

그런 꺼리 말이다.

city box
초현실적 거리 surrealism distance

현실만이 아닌, 초현실이 공존하는 거리
꿈이 비주얼화 되는 도시
그런 색깔이 가미된 도시라면……
이 환상과 착시의 도시는
때론 너무 화려해서 더 도시의 우울함을 극대화시키는 진한 경극 화장술 같이 느껴지기도……
때론 도시의 위트로 웃음을 자아내기도 한다.
서커스의 음악은 그래서 민족적이고 드라마틱하고, 애잔하면서도, 가슴을 울렁이게 할 것이다.

City Box: 초현실적 거리(ⓒ유다희)

우리의 걸음을 멈추게 하는 도시의 즐거움

10

면목동 동원골목시장,

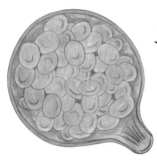

그들만의 합리
그리고 우리의 활기

당신은 어떤 타입?

심리 검사를 해보도록 하자. 다음 사진을 본 후, 당신의 선택은?

첫 번째 사진. 태국 재래시장의 길거리 음식이다.

1. 지저분하다. 아무리 싸도 난 절대로 먹진 않겠다.
2. 지저분해보이기는 하지만, 위생 상태를 자세히 살핀 후 시도해보겠다.
3. 식당 음식도 지저분할 수 있다. 믿고 먹자.

두 번째 사진. 역시 태국 재래시장의 의류 판매 상가다.

1. 브랜드가 명확하지 않은 옷은 품질을 믿을 수 없다. 아무리 싸도 난 절대로 사지 않겠다.
2. 품질은 의심가지만 잘 찾아보면 괜찮은 것도 있을 것이다.
3. 싼 옷은 싼 옷대로 용도가 있다. 알뜰 경제가 필요하다.

선택한 답 중에 1번이 많다면 당신은 'A. 마트형', 2번이 많다면 'B. 중간형', 3번이 많다면 'C. 시장형'이다.

A. **마트형**: 당신은 깔끔한 소비자시군요. 계획한대로 소비를 하고 건강한 생활을 유지할 수 있을 테지만 인생의 다양한 맛은 즐기기 어려우실 수 있습니다. 가끔은 시장에서 새로운 도전을 해보시길.

B. **중간형**: 당신은 꼼꼼하면서도 실용적인 타입입니다. 하지만 가끔은 피곤할 수 있겠습니다. 가끔은 따지지 않고 시도해보는 모험심도 필요할 듯합니다.

C. **시장형**: 매우 알뜰하십니다. 불황에 필요한 타입이죠. 그러나 바이러스가 기승을 부리는 시절이니 음식은 주의가 좀 필요할 듯싶습니다.

글을 풀어가기 위한 수단일 뿐이니, 위의 심리검사 결과에 그리 마음을 두진 마시길. 그런데 당신은 혹시 "마트나 시장이나? 마찬가지 아니야"라고 질문할 수도 있겠다. '마트'를 번역하면 '시장'이니, 의미는 같지만 분명 다른 뉘앙스를 풍긴다. '남대문 시장'이지 '남대문 마트'가 아니듯이. 시장은 무언가 우리나라 것 같고 향토적이라면 마트는 서양의 것 같다. 더 치밀하게 둘을 구분해보자면 이 둘은 다음과 같은 단어를 축 삼아 대칭점에 있는 듯하다.

마케팅 전략, 전자저울, 합리성, 손수레, 위생.

그러니까 '마트'라는 단어에는 마케팅 전략이 있고 전자저울을 사용하는 만

당신은 시장 타입인가?(ⓒ유다희)

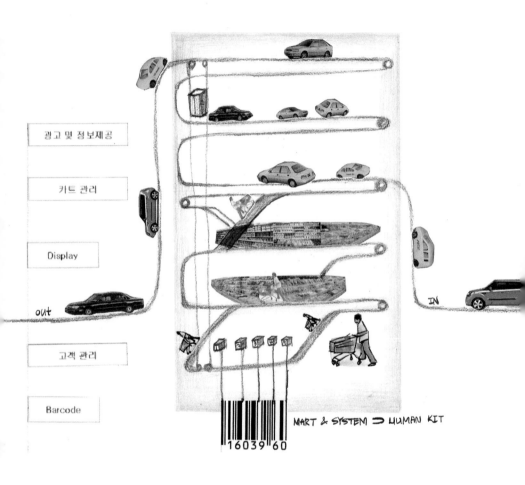

광고 및 정보제공

카트 관리

Display

out

고객 관리

Barcode

MART & SYSTEM ⊃ HUMAN KIT

16039 60

IN

당신은 마트 타입인가?(ⓒ유다희)

146

큼 합리적이고 손수레를 밀고 다닐 수 있어 편리하고 위생적이라는 뉘앙스가 있다. 반면 시장에는 특별한 마케팅 전략이 없을 듯 하며, 엿장수 마음대로 같은 저울이 있을 것 같고, 불편하고 위생적이지 않을 것 같다. 과연 그럴까? 한번 짚어보도록 하자.

시장에는 마케팅 전략이, 있다 vs 없다

마케팅 전략, 모든 상행위에는 마케팅 전략이 필요하다. 사람들이 시간 가는 줄도 모르고 상품에만 집중할 수 있도록 백화점에는 창문이 없다. 화장실은 꼭꼭 숨겨두어서 백화점 안을 더 둘러보고 찾을 수 있게 한다. 같은 이유로 엘리베이터는 구석에 두고 에스컬레이터는 잘 보이는 곳에 둔다. 또 식품매장은 지하에 있고 전문 식당가는 맨 위층에 둔다. 고객이 식사만 한 후 백화점을 나오지 않고 쇼핑까지 하게 되는 습성을 이용한 것이다. 지하에서 밥을 먹거나 식품을 사면 분수처럼 위층으로, 꼭대기에서 밥을 먹으면 샤워물줄기처럼 아래층으로 가도록 한 것이다. 전문 용어로 '분수 효과' 와 '샤워 효과' 란다. 뷔페식당에도 이런 전략은 있다. 가능한 한 비싼 음식은 뒤로 숨기고, 샐러드나 잡채, 전 같은 음식은 잘 보이는 곳에 두어 저렴하고 푸짐한 음식으로 배를 채우도록 유도한다. 또 소스를 뜨는 스푼은 작은 것을 두어 번거로움에 많이 뜨지 못하도록 한다. 음식을 덜어먹는 접시가 작은 것도 같은 이유이다.

재래시장의 상인들도 물론 전략은 있다. 시장의 음식점들은 간판에 '원조', '할머니' 라는 단어를 넣어 역사가 있는 곳임을, '장충동 족발', '명동 분식', '전주 비빔밥' 같은 상호로 '파스타는 이태리가 최고' 같이 정통성이 있는 곳임을 내세운다. 다음의 사진은 파리의 한 재래시장의 생선 좌판인데, 생선이 싱싱

해 보이도록 얼음을 아래에 깔았다. 우리나라의 상인들도 마찬가지다. 또 채소 장수는 쉼 없이 채소를 다듬거나 물을 뿌려 신선해 보이게 한다. 경우에 따라서는 같은 이유로 채소에 붙은 흙을 그대로 두기도 한다. 배열은 어떤가? 역시 다음의 사진을 보라! 같은 규격의 그릇에 색색깔 담겨진 반찬은 구성주의 화가의 작품 같기도 하다.

파리건 서울이건 생선좌판에는 얼음이 필수다.

구성주의 작품 같은 반찬의 진열(ⓒ박수이)

148

그런데 마트와 시장의 마케팅 전략에는 차이가 있다. 장 보드리야르는 『소비의 사회』라는 책에서 자본주의 사회에서 사람들은 필요에 따라 소비하는 것이 아니라 사회가 만들어 낸 욕망에 따라 소비한다고 말하고 있다. 즉 사용가치가 아니라 기호가치에 따라 소비한다는 것이다. 맞는 말이다. 우리가 매일 TV에서 보는 광고만 하더라도 끊임없이 소비의 욕구를 조장한다. 음료수 광고는 '시원하게 갈증을 해소' 같은 사용가치 보다는 S라인과 V라인이라는 기호가치를 내세워 예뻐지고 싶은 여성들의 욕망을 부추긴다. 백화점과 마트는 이를 충실히 따라 상품의 소비를 넘어 기호와 욕망을 소비하도록 유도한다. 이곳에서 물건을 사면 나는 남들과 구분될 수 있다고 유혹하는 것이다.

반면 시장의 마케팅 전략은 노골적이다. '이 물건을 사면 어느 배우처럼 멋져질 수 있다'는 신화를 만들지 않는다. 그냥 물건을 팔뿐이다. 이렇게 노골적인 전략이? 전략이 될까? 그러니 시장에는 마케팅 전략이 있다고 해야 할까? 없다고 해야 할까?

시장의 저울은, 정확하다 VS 엿장수 마음대로다

백화점의 정찰가는 매우 정확하다. 아니 정확하기 보다는 아주 절대적이다. 절대로 깎아주지 않는다. 가끔 TV프로그램을 보면 백화점 물건값도 깎는 이들이 소개되기도 하지만, 흔하지 않으니 소개되지 않겠는가. 웬만한 배짱이 아니라면 도전하기 쉽지 않다. 정해준 가격에서 벗어나는 길은 세일 기간을 기다리는 게 다다. 기존의 가격에 빨간 줄이 그어지고 다시 쓰인 가격에 감사할 따름이다. 당연히 새로 매겨진 가격 또한 절대적이다.

그렇다면 과연 시장은? '시장에 가라, 돌아다녀라 그리고 비밀을 찾아라!' 라는 한 대학 수업의 과제에 어느 학생이 그린 그림을 보자. 이 학생이 포착한 시장의 비밀은 '강냉이 한 됫박' 이다. '한 됫박' 의 폭 넓음. 넘치게 채울 수도 있고, 그릇에 딱 맞게 채울 수도 있고, 좀 부족하게 채울 수도 있다. 엄지손가락을 그릇 안으로 쑥 넣어 순간적으로 양을 부풀려 보이게 할 수도 있다. 정말 집 주인 마음이다. 물건을 구입하는 이들에겐 이런 '규격' 이 영 미덥지 않다. 그래서 눈을 부릅뜨고 감시한다. 여기에는 '에누리' 라는 단어가 적당하다. '더 부르는 값' 의 의미와 '값을 깎는 일' 의 뜻을 동시에 지니고 있는 단어. 파는 이는 '에누리' 를 남기길 원하고, 사는 이는 또 자신의 '에누리' 를 요구한다.

강냉이 장수의 비밀, 한 됫박(ⓒ한국전통문화학교 조경학과 이미은)

물론 시장의 상인과 고객도 이 가격 협상이 항상 즐거울 수는 없는 법. 사는 이의 입장에서는 파는 이의 '에누리'를 의심하고, 파는 이는 사는 이가 요구할 '에누리'를 방지하고 싶은 건 당연할 테니. 그래서 여러 가지 방법이 고안되었다. 어떤 이는 미리 가격을 높게 부르고 손님들이 요구하면 선심 쓰는 척 깎아주거나 한 주먹 더 준다. 사고파는 이 사이에 밀고 당기는 고도의 심리전이 있는 것이다. 또 어떤 이는 바구니에 과일을 미리 담아두고 '한 바구니에 얼마'로 지정해둔다. 그런데 누가 그걸 그대로 지키겠는가? 사는 이는 한 개 더 혹은 한 움큼 더 시장바구니에 넣고 싶어 한다. "너무 야박하네. 몇 개 더 줘도 될 것 같은데"라는 요구에, 요즘 말로 '쌩깠다'가는 고객의 인심을 잃기 쉽다. 또 입소문은 인터넷 보다 빠르다.

　어찌되었건, 이들의 계량법은 느슨하지만 물건은 팔리고, 사는 이는 분명 있다. 사는 이와 파는 이가 서로가 납득할 만한 가격에 도달했다는 것이다. 이윤을 남기고 싶은 파는 이의 욕구와 좋은 물건을 더욱 저렴한 가격에 구입하고자 하는 사는 이의 욕구, 이 둘 사이의 차이가 극복되어 '협상'은 어느 순간 성공한다. '너무 비싸네', '알았어. 좀 깎아줄게' 하면서 말이다. 그리고 이는 또, 이후에 이뤄질 거래의 기준이 되기도 한다. 의식하지 못했겠지만 사는 이와 파는 이가 함께 기준을 만든 것이다.

　이렇게 서로가 동의할 수 있는 기준은 분명 있다. 어쩌면 마트의 전자저울보다 더 정확하고 절대적일 수 있다. 양쪽이 합의 한 것이니까. 그러니 시장의 저울은 부정확하다고만 말 할 수 있겠는가?

어디가 더 합리적일까?
마트 vs 시장

고객을 더 이상 빼앗기고 싶지 않아 시장도 마트가 되고 싶어

한다. 비나 눈 같은 기후 변화에서 벗어나 언제나 상거래가 이루어질 수 있도록, 뜨거운 햇빛을 가려 쾌적한 쇼핑 환경이 될 수 있도록 소위 아케이드라는 이름으로 시장에 지붕을 씌운다. 그리고 마트에서처럼 카트를 끌고 다닐 수 있도록 바닥을 고르기도 하고 질서정연해 보이도록 상인들은 옆 가게와 줄을 맞추어 물건을 진열한다. 물리적인 것만 바꾸는 것은 아니다. 쿠폰도 발행한다. 재래시장 처음으로 아케이드를 설치했다는 서울 중랑구 우림시장은 문화체육관광부가 추진하는 '문전성시(문화를 통한 전통시장 활성화 시범사업)' 프로젝트를 진행하면서 정기적으로 한평 예술단 공연을 하고 있다. 이렇게 시장도 마트가 지향하는 '깔끔', '편리', '효율', '쿠폰을 통한 소비 심리 자극', '볼거리'를 실현하려 한다.

우림시장은 2001년 국내 최초로 아케이드를 설치했고 시장 한 귀퉁이에서 한평 예술단이라는 문화 공연도 진행하고 있다(ⓒ맹기환).

152

그렇게 하면, 시장도 마트가 될 수 있을까? 서울시 중랑구의 또 다른 시장인 면목동의 동원골목시장을 보자. 여기도 '현대화' 사업을 했다. 지붕이 덮여졌고 쿠폰이 발행된다. 진열된 물건도, 간판도 줄 맞추어 있다. 바닥에 물도 고여 있지 않다. 쾌적하다. 그런데 문구점 앞의 저 장면. 어떻게 설명해야 할까? 알록달록한 장난감 옆에 젓갈 병이 당당하게 자리를 차지하고 있다. 어디 마트에서는 가능한 일일까? 젓갈을 장난감 옆에 둔다면 바로 항의가 들어갈 것이다. "물건 찾기가 힘들잖아요, 위생적이지도 않구요." '같은 품목은 같은 곳'이라는 기준을 갖고서는 말이 안 되지만, 또 꼭 말이 안 된다고 할 수는 없다. 시장에서는 말이 될 수도 있다. 우연하게도 문구점 주인은 젓갈에도 조예가 깊고 좋은 젓갈 구입처를 안다. 그래서 기꺼이 장난감 사이에 젓갈을 두었다. 고객들도 안다. 이 집 젓갈은 싸고 맛있다는 것을. 그래서 기꺼이 젓갈을 사기 위해 문구점을 찾는다. 어떤가? 말이 되지 않는가? 언뜻 보면 말이 안 되는 듯해도, 좀 다르게 생각하면 말이 되는 풍경은 어느 재래시장에건 있다. 쌀과 얼음을 같이 파는 가게, 닭과 계란을 신발과 나란히 진열하고 파는 가게 등등.

마트가 되고자 하는 시장(ⓒ박수이)

그들만의 합리. 장난감 사이에 있는 젓갈병

언뜻 보면 말이 안 되는 듯해도, 좀 다르게 생각하면 말이 되는 장면은 어느 재래시장에나 있다.

하버마스인가? 말을 통해서 서로간의 합리성이 형성되는 생활세계에 대해 말한 이가? 우리는 시장에서처럼 서로 '말'을 통해서 서로의 기준을 만들고 살아왔다. 그런데 어느 순간 말이 필요 없어졌다. '합리화'라는 명분은 굳이 말을 필요로 하지 않기 때문이다. 안내판을 따라가다 보면 내가 원하는 상품이 있고, 거기 쓰인 가격대로 계산대에서 돈을 지불하면 그만이다. 그런데 다행히도 시장에서는 여전히 '말'이 필요하다. 계산적 합리성, 그 이상의 기준과 가치로 운용되는 곳이 시장인 것이다. 또 모두 드러내놓고 말을 하는 곳이니 이미지로 사람을 현혹하지도 않는다.

시장을 거니는 일은 즐겁다. 좀 진부한 표현이지만, '생동감'이 있다. 브랜드의 유명세가 아니라 '골라! 골라!' 같은 호객행위가 사람들의 발걸음을 이끌고 그 자체가 시장의 배경음악이 된다. 또 '욕망'이 아니라 '정서'를 자극한다. '마수걸이인데 깎지 말아요', '떨이라 배추가 시들시들한데 좀 싸게 팔지 그래요?' 2008년 서울 페스티벌 동안 청계천에서 열린 1일 벼룩시장에서 물건을 파는 꼬

도시의 활력을 만드는 이들. 청계천 벼룩시장의 꼬마들, 태국 재래시장의 상인들

마들은 빨리도 이런 시장의 속성을 파악했다. "사주세요! 네~? 힘든 외국 어린이들 도와주려고 해요." 감정에 호소하는 호객행위를 한다. 결국 꼬마들은 고객의 지갑을 열었다. 또 시장에는 정확한 가격표가 없기에, 있어도 그리 절대적이지 않기에 흥정과 실랑이가 필연적이다. "좀 깎아줘! 한 개 더 줘!" "이거 팔아서 남는 거 없어, 다른 데 가봐, 이만한 가격에 살 수 있나." 그 과정에서 덤이 오가기도 하고, 그러면서 시장은 생동감을 갖는다. 기계적 합리성의 빈틈은 대화로 채워지고, '활력'이라는 매력적 부산물이 만들어지는 것이다.

도시의 활력을 만드는 이들. 태국과 파리의 상인, 바르셀로나의 정육점과 채소가게, 영국 버밍엄의 계란가게, 대한민국 영주의 재래시장

11

원서동의 작은 화분,
여름 이야기를 시작하다

저곳에 누가? 왜?
저 나무를? 심었을까?

일단 도시의 자투리 공간에 옹
색하게 심겨진 나무들을 보자.

옹색하게 심겨진 나무들

이제, '저곳에 누가? 왜? 저 나무를? 심었을까? 에 대해 생각해보자.

우리의 도시에서 정원이 있는 이는 있는 대로, 없는 이는 없는 대로 열심히 꽃
과 나무를 심는다. 작은 화단에, 빨간 물통에, 화분에. 그런데 이는 우리만의 이
야기만은 아닌듯하다. 방콕이라는 도시의 한 장면을 보자. 도시의 물길을 따라
펼쳐진 저들의 생활 풍경만큼, 나무도 치열하게 심겨 있다. 누가? 어떻게? 저기
에? 나무를 심을 생각을 했을까? 조경가라면 누구나 소위 말하는 '식재' 의 이유
와 목적에 대해서는 잘 안다. 공간 간의 상충을 완화하기 위해서는 완충식재를,
눈이 많이 가는 곳에는 초점식재를, 그늘이 필요한 곳에는 그늘식재를 해야 한

다는 것, 또 가로수로는 어떤 나무가 적당한지, 봄에 꽃이 예쁜 나무는 무엇인지, 기능적, 미적 이유 등등은 교과서에 잘 정리되어 있다.

방콕, 어느 수로의 치열한 생활의 풍경과 나무들

그런데 도시의 자투리 공간에 저렇게 나무를 심는 이유는 짐작하기 쉽지 않다. 주인장의 소일거리로? 꽃이 피어서? 자신의 상가 앞에 주차하지 말라고? 공기 정화 차원에서? 정원을 가꾸고자 하는 마음은 본능인가(이름하여 정원 본능)? 무수한 이유를 짐작할 수 있을 것이다.

'이야기'는 어떨까? 무수한 짐작 중의 하나로서.

160

나무가 들려주는 이야기

왜 '이야기' 가 바득바득 나무를 심는 이유 중의 하나인가 따져보기 전에 먼저 다음의 이야기를 들어보도록 하자.

이야기 하나.

원서동의 어느 오후, 길가에서 만난 할아버지는 가벼운 옷차림으로 고추 모종을 화분에 나란히 심은 후, 얼마간 이 작은 식물의 자립을 도와줄 기둥을 세워 모종과 함께 실로 묶고 계셨다. 저 작업이 끝나면 아마 물을 주실 것이다. 어린 식물은 애잔하고, 심겨진 모습은 가지런하다. 사진을 찍을 테니 포즈를 취해달라는 주문에, 어르신께서는 '어색하게' '자연스러운' 포즈를 취해주신다. 그러면서 하시는 말씀. "여름엔 저기서 고추가 꽤 열릴 거야." 그 한마디에 여러 장면이 머리를 스친다. 잎이 마르지는 않았나 유심히 살피실 모습, 열매에 기뻐하실 모습, 주변에 자랑하실 모습, 한 여름 끼니 때 저런 옷차림새로 갓 따낸 싱싱한 고추를 된장에 쿡 찍어서 드실 모습. 어르신이 물질적으로 손에 쥐게 될 것은 '고추 몇 개' 이겠지만, 앞으로 몇 개월을 저 고추모종과 함께 하면서 많은 이야

이야기 하나, 원서동의 고추모종과 할아버지

기를 나누고, 남길 것이다. 원서동 작은 화분의 올 여름 이야기 시작!

이야기 둘.

어느 대학교 건물 벽의 담쟁이. 저렇게 넓게 벽을 차지하는 담쟁이는 달력의 역할을 한다. 물리적으로아 정확하지 않시반 심리석으로는 아주 예리하게 시간의 흐름을 알려준다. 저 담쟁이는 다른 나무보다 늦게 잎이 나, 봄을 기다리는 학생들의 마음을 더 조급하게 만든다. "봄아! 언제 오니?" 그러다 어느 순간 온 벽이 초록으로 덥힌다. 여름인 것이다. 여름이라 벽이 초록이 아니라, 벽이 초록이라 여름인 것이다. 그러다가 또 담쟁이는 그 어느 나무보다도 빨리 잎을 떨어뜨리기 시작한다. 졸업을 앞둔 이나, 논문을 끝내야 하는 이에게, 아니 청춘의 초록이 너무 강렬해서, 쉬 사라지지 않을까 두려운 이들에게 낙엽은 그리 반갑지 않다. '또 일 년이 갔구나!' 하는 회한. 담쟁이가 냉정하게 보여주는 또 다른 시간의 마디다. 그리고 다시 시작되는 긴 담쟁이의 겨울. 그 담쟁이와 학생들은 시간을 그렇게 함께 보낸다.

이야기 둘, 어느 대학교의 담쟁이(ⓒ김해경)

이야기 셋.

어정쩡한 곳에 큰 느티나무가 한 그루 서 있다. 옆 녹지공간에도 포함되지 않고 그렇다고 가로수도 아니다. 옆의 파고라도 마찬가지다. 지하철역 입구 바로 앞 좁은 길가에 굳이 파고라가 있어야 하는지 의심스럽다. 어정쩡한 나무 때문에 파고라도 어정쩡한 것이다. 그런데 쉬고 계신 할아버지들의 말씀에서 나름의 이유를 찾을 수 있었다.

"저 나무 무척 오래되었지. 저기 맞은편 경찰서에서 일하던 경찰이 다른 곳으로 옮겨가면서 기념으로 심어두고 간 거야. 손가락 만했었는데, 지금 이만큼 컸어. 그 사람이 다른 곳에 가서도 3년을 저 나무 때문에 왔었다니까. 관리 하느라고. 나도 물도 주고 그랬어. 그 때는 저기 경찰서가 천막이었어."

그런 사연이 있었던 게다. 천막으로 된 경찰서가 있고, 도로포장도 제대로 안되었던 시절, 오래된 근무지를 떠나야 했던 한 경찰관이 아쉬움을 달래고자 기념으로 저 나무를 심었었고, 이제 이렇게 자랐다. 지하철역 공사를 하면서 나무를 어떻게 안 베었느냐는 질문에, 할아버지는 역정을 내신다. "이 나무 베면 잡아가야 돼. 이 나무를 왜 베어내. 그 경찰관이 기념으로 심고 우리가 물주면서 키운

이야기 셋, 어정쩡한 느티나무와 파고라

건데." '녹음 제공' 그 이상의 의미가 있었던 게다.

이야기 넷.

경관의 잠재력capabilities 파악에 능통하다고 해서 '캐퍼빌리티 브라운Capability
Brown' 이라는 별명이 붙여졌던 브라운Lancelot Brown(1716~1783)이 설계했다는 스
타우어헤드Stourhead 정원의 한 장면이다. 이미지의 향연으로 가득 찬 아름다운
정원의 연못 옆에는 커다란 튤립나무가 서 있었고, 할아버지와 할머니들은 모여
웅성거리고 계셨다. 무슨 일이 있나 싶어 옆에 가서 살피니, 독일 관광객들이라
는 그들은 바닥에 떨어진 나뭇잎을 주워 살피며, 나무를 올려다보며 감탄하고
계셨던 것이다. 저렇게 큰 튤립나무는 처음이라면서. 그러고 보니 상당히 큰 나
무였다. 매 걸음걸음 예측할 수 없는 풍경으로 사람을 매혹시켜 한 바퀴 돌고나
면 마치 영화를 본 듯한 감동을 주는 정원과 오랜 시간 함께한 저 나무는 제 나름
의 이야기를 담고 있을 것이다. 궁금하다. 저 나무가 작을 때는 누구와 어떤 대화
를 나누었는지, 그리고 어떤 일상을 함께 했는지, 지금은 또 얼마나 많은 관광객
들이 그 아래에서 쉬고 감탄을 하는지.

이야기 넷, 스타우어헤드의 튤립나무

신이 사라진 시대의
이야기를 위하여

다시 앞에서 말했던 '짐작'으로 돌아와서. 당신은 위의 이야기들에서 '그 나무'를 심는 이유로 왜 '이야기'를 제시했는지 짐작했을 것이다. 그 나무들은 우주의 흐름에 웅대해 자라면서, 우리의 일상에 섞여 감성과 시간을 함께하고 우리와 소통하며 이야기를 만든다. 그 이야기 때문에 우리는 나무를 심는 건 아닐까? 잭과 콩나무, 나의 라임오렌지나무, 아낌없이 주는 나무 같은 동화를 군이 예로 들지 않더라도 나무는 좋은 말동무이고 이야기꾼이다.

상상의 나무와 이야기 1 - "동백꽃이 질 때 저를 찾아오세요" (ⓒ유다희)

할아버지와 대추나무

푸른 대추가 붉게 물들어 갈때쯤
동네 장난꾸러기 아이들과 할아버지는
대추나무 사이로
숨바꼭질합니다.

상상의 나무와 이야기 2 - 할아버지와 대추나무(ⓒ유다희)

　그런데 오래된 집과 마을, 절을 돌아다니다 보면 이야기를 나눌 수 있는 존재
는 나무뿐만이 아니다. 절로 향하는 길가에는 어김없이 일주문이 있는데, 절에
들어가기 전에 마음을 하나로 모으도록 하기 위해서란다. 또 대웅전에 도달하기
전에 나타나는 종루는 불법을 중생에게 알리기 위해서란다. 어느 오래된 집 담
벼락에 그려진 포도나무는 '다산'을 상징한다고 하고, 어떤 마을에서는 풍수지
리 때문에 우물을 팠다고 한다. 공간 여기저기에서 자꾸 말을 건다. "나는 그냥
여기에 있는 것이 아니야! 내가 품은 뜻은 말이야……"하면서. 지금은 "신기한
데" 정도로 그들의 말 걸기에 응대하지만, 예전에는 어떠했을까? 진지하게, 진
심으로 말 걸기에 대꾸하지 않았을까? 물리적이고 기능적인 계단, 담, 우물을 넘
어, 그 숨겨진 상징과 의미는 생활 속에서 유기적 관계를 가지면서, 혹은 어떤 주
제를 향해 재배치되면서 의미의 연결을, 즉 이야기를 만들어냈던 것이다.

166

말을 거는 개심사의 일주문(ⓒ김해경)

말을 거는 개심사의 종루(ⓒ김해경)

　지금은 더 이상 그들의 말 걸기가 먹히지 않는다. 누가 설명해주지 않는다면 문이, 벽이, 우물이 내게 말을 걸어왔는지도 모를 테고, 굳이 안다고 해도 무슨 응대를 하겠는가. 일주문이 암시하는 바에 고개를 끄덕일 수는 있지만 절실하지는 않다. 담벼락의 포도송이도, 우물도 마찬가지다. 어떤 이는 그런 미신을 믿느냐고 타박할 수도 있다. 신을 빌어 세상을 설명하던 시절은 이미 지났으니, 과학이 이렇게 발달한 21세기이니 당연하다. 더 이상 우리에게 말을 걸지 않는다는 것은, 집과, 마을과, 도시와 우리가 소통하는 방법을 잊어버렸다는 것이기도 하다. 소통의 단절! 공간은 나의 삶을 형성하는데 별 의미가 없다. 대신 '기능'이라는 미덕과 함께 '이미지'가 남았다. 문은 문의 기능을 능수능란하게 하면 되고, 시각적으로 멋지면 된다. 물론 누군가는, 어떤 작가는 암시를, 은유를 넣고 싶어 한다. 하지만 예전의 종교에 근거한 말 걸기만큼 통하지 않는다. 복잡다단한 시대 우리는 같은 믿음을, 같은 언어 체계를 갖지 않으므로. 그래서 그냥 누군가의, 작가의 개인적 읊조림에서 끝나기 쉽다. 또 테마파크나 쇼핑몰의 만들어진 이야기 '스토리텔링'은 우리의 대답을 기다리는, 우리가 참여하는 이야기는 아니다.

　우리의 공간에서 이야기가 사라졌으나, 우리는 본래적으로 이야기를 좋아하는 존재다. 철학자 김용석(2009)의 말대로 '이야기를 짓고, 이야기를 듣고, 이야기 속에서 의미를 찾아내고, 이야기의 재미를 함께 나누며, 들었던 이야기를 상기하는 한마디로 이야기를 즐기는 일은 시대를 초월해 이어온 인간의 문화적 향유방식' 이다. 『천.일.야.화.The Arabian Nights' Entertainments』에서 세헤라자드의 운명처럼. 세헤라자드는 살기 위해 이야기를 해야 했고, 이야기를 함으로써 죽지 않고 살아갈 수 있었다. 그렇기에 많은 영화가 여전히 고전 소설을 갖고 영화를 만드는 건 원작의 아우라 때문만은 아닐 것이다. 그 이야기가 갖고 있는 어떤 힘. 어린 시절 할머니의 옛날이야기가 매번 비슷해도 재미났던 것처럼. 소설이 갖고 있는 탄탄한 이야기는 각색해도 각색해도 매력이 있기 때문일 것이다. 또 MBC 일요일 아침의 '신비한 TV 서프라이즈' 같은 프로그램이 장수하는 이유도 이야기의 힘일 것이다. 상품도 마찬가지다. 사람들은 평범한 목걸이보다는 드라마 속 주인공이 착용했던, 이야기가 있는 목걸이를 더 좋아한다.

그러기에 우리의 도시공간에서도 다시 이야기가 있었으면 한다. 공간과 우리가 함께 이야기를 만들기 어려운 지금, 우리와 말이 통하는 것은, 서로의 말 걸기를 알아듣고 응대할 수 있는 건, 앞에서 흘렸듯이 그나마 '나무' 이다. '생명' 에, '우주' 에 기초한 언어는 범용적이기에. 그런데 나무 외에도, 우리 집의, 마을의, 도시의 다른 것들과도 재미난 이야기를 만들 수는 없을까? 그리고 또 우리는 어떤 이야기를 만들어 나가야 할까? 그게 다신이건 기독교의 신이건, 불교의 신이건, 신이 사라진 시대에 우리가 도시에 숨겨야 할 상징과 도시와 함께 꾸려나갈 이야기는 어떠한 것이어야 할까? '일상' 의 소소한 이야기가 아닐까하는 또 다른 짐작을 해본다. 신의 이야기가 아닌 우리 일상의 이야기. 우리가 살아가는 '여기 지금' 의 이야기. 나무와 우리가 나누는 이야기처럼 어떤 진심어린 이야기. 방법은? 글쎄. 나무에게서 배워야 하나. 우리 일상 감성에 참여하는 방식을, 소통하는 방식을 말이다.

정원은 어디든 존재한다
작은 정원 이야기

정원은 누구나, 그리고 생활 가까이에 둘수 있습니다. 나만의 작은 정원을 지금부터 만들어 봅시다. 냉장 재료나 나무 조각들로 나무 상자를 만듭니다. 우선 식물에 물을 주어도 물이 새지 않도록 방수를 해야 하겠죠.

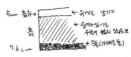

수돗물 넣고 물을 빼야줍니다. 상자 밑에 물 빠지는 구멍이 없기 때문에, 남는 물이 있으면 식물이 썩을 원인이 됩니다. 수돗에 숨은 넣으면 흙이나 뿌리의 곰팡이가 생기는 것은 막을 수 있습니다.

집 베란다에 있는 식물들은 몇 포기 심습니다. 이 작은 정원에, 버려진 장난감이나 소품들로 구성하여 나만의 정원을 만듭니다.

"정원은 어디든 존재한다." - 집에서도 만들 수 있는 정원 레시피(ⓒ유다희)

12

신내동의 한평공원,
몸과 마음을 잇는 시간의 풍경

풍경과 풍경의 사이

아래 두 장의 사진 사이에는 무엇이 있을까? 공간적 변화 외에? 사람들 표정의 변화 외에? 그 무엇이 있을까?

첫 번째 사진.

파고라 주변의 바닥은 좀 지저분하고 한 쪽에는 버려진 물건도 있다. 파고라 아래에는 편한 복장의 주민들이 몇 분 계셨으나 가까이서 사진을 찍을 수는 없었다. 그들이 사진기를 든 이방인을 경계했기 때문이다.

두 번째 사진.

파고라 아래의 분위기가 사뭇 밝아졌다. 파고라 지붕에는 고양이가 세 마리나 앉아 있고 의자에는 그림도 붙여져 있다. 밝아진 기둥에는 '우리의 쉼터' 라는 예쁜 현판도 달렸다. 무엇보다 사진을 가까이서 찍을 수 있을 만큼 외부인에 대한 그들의 경계가 풀려있었다.

신내동 한평공원의 조성 전. 평범한 휴식 공간이다. 이용자들을 가까이서 찍을 수는 없었다(ⓒ최성용).

신내동 한평공원의 조성 후.
파고라 지붕위에는 고양이 가족이 앉아 있고 의자에는 그림도 아기자기 하게 붙여져 있다. 가까이서 사진을 찍어도 불만을 보이지 않는 표정들이다(ⓒ최성용).

사진 두 장은 2008년 만들어진 영구임대아파트단지 신내10단지에 있는 한 평공원—坪公園의 조성 전과 후의 모습이다. 아파트 입구에 있는 이 쉼터는 할머니늘이 담소를 나누는 수다방으로 쓰였다가, 술 마시는 아저씨들이 자리를 점령하기도 했고, 휠체어장애인들의 휴식 공간이 되기도 했다. 사람들이 많이 모이지만 밝은 공간은 아니어서, 음주가무로 시끄럽고 그러다 싸움도 일어나고 하는 사건사고가 끊이질 않는 곳이었다. 많은 이들이 '험악'이라는 한 단어로 이 공간을 표현했으니 대략 어떤 분위기였는지 짐작들 하셨으리라. 이용자들 간의 세력다툼도 있었는데, 그 중에서도 세 아저씨의 활약은 대단해서 사람들이 '장비, 관우, 조자룡'이라고 이름을 붙이고 피해 다닐 정도였다. 그래서 한평공원으로 조성한다고 하자 걱정도, 말들도 많았다. "이곳을 바꿔보려구요"라는 말을 꺼내면 "바꾸면 좋지"라고 긍정적인 답을 주는 이들도 있었지만, "쓸데없는 짓을 한다"면서 화부터 내는 이들도 있었다.

아! 그런데 사진에 대한 이해를 돕기 위해서는 한평공원에 대한 설명이 잠깐 필요하겠다. '한 평—坪'이란 단어와 '공원'이라는 단어의 조합은 일면 부적절하게 보인다. 한 평이란 그야말로 작은 땅을 지칭하나, 공원이라는 단어에서는 넓은 잔디밭에 큰 나무가 여유롭게 서있고 시원하게 분수가 치솟는 장면이 연상될 테니 말이다. 그런데 그냥 토지 이용 밀도가 높은 도시에서 한 평 같이 작은 땅이라도 찾아내 공원 같은 공간으로 만들자라는 바람이 실린 상징적 조합이라고 이해하면 되겠다. 이 프로젝트는 2002년, 서울시의 녹색위원회가 시민단체에 지원해주는 시정사업에, 도시연대라는 시민단체와 당시 박사과정 학생이던 필자가 함께 신청하면서 시작되었다. 2005년까지는 서울시의 지원을 받았으나 2006년부터는 신한은행의 재정적 지원을 받아 도시연대와 커뮤니티 디자인센터라는 전문가 조직이 중심이 되어 진행하고 있다. 대상지를 찾는 과정부터 조성까지 모든 과정을 주민들과 함께 한다. 2002년 원서동 한평공원을 시작으로 2010년 망우동 한평공원까지 총 36개소의 한평공원이 만들어졌다.

172

신내동 한평공원에 대한 컨셉 드로잉(ⓒ유다희)

한평공원에 대한 설명은 이 정도로 끝내고 다시 앞의 두 사진으로 넘어가도록 하자. 여러 우려가 있었지만 결국 2008년 가을 한평공원의 공사는 시작되었다. 주민들에게 예쁜 공산을 선사하고 싶어서, 프로젝트를 진행하는 이들은 의자 하나도 기성품을 사지 않고 나무를 깎아 직접 만들었다. 그럼에도 주민들은 한명 두명 모여 걱정하기 시작했다. 술 먹기 더 좋게 만든다는 것이었다. 그렇지 않아도 사람들이 모여서 술을 먹는 통에 다른 주민들의 피해가 이만저만이 아닌데 이곳을 예쁘게 만들어놓으면 어떻게 하냐는 불평들이었다. 그래도 묵묵히 아이들과, 한평공원 조성에 우호적인 주민들과 파고라에 설치할 그림을 그리는 작업을 했고 나무도 함께 심었다. 밝은 활동을 쌓아가기 위함이었다. 이곳은 술을 마시는 공간이 아니라 아이들도 함께 하는 밝은 공간이라는 인식이 필요했기에. 작은 개장식에는 돼지머리 대신 돼지저금통을 놓고 잔칫상도 벌였다. 그런데 놀랍게도 동네에서 늘 문제를 일으키는 장비와 관우, 조자룡도 모두 참여해 그 자리를 빛내 주었다. 그렇게 해서 완성된 한평공원, 다행히도 술은 사라졌다. 밝은 공간이 되었다.

신내동 한평공원. 함께 그림도 그리고(ⓒ최성용)

함께 제도 올리고(ⓒ최성용)

풍경과 풍경 사이 무엇이 있었는지 다들 아시리라. 그렇지만 답은 더 뒤에서 말씀드리도록 하겠다.

분절된 시간,
몸과 마음의 분리

시간은 그야말로 '금'이 되었고 시간을 아껴줄 속도와 효율은 무엇보다 중요해졌다. 누구는 그 시작을 '철도'에 둔다. 산업화 이전의 교통수단은 대부분 자연의 흐름을 따랐다. 배는 물이나 바람의 흐름으로 움직였고, 육지에서의 이동은 산악이나 협곡 같은 지형의 불균질성이나 수레를 끄는 가축의 속성과 힘에서 벗어날 수 없었다. 그러나 증기력의 도움을 받는 기차는 이를 해체시켰다. 외부자연으로부터 독립하여, 자연에 저항하면서 최단노선인 '직선으로' 이동할 수 있게 되었다. 그러면서 우리의 시공간은, 그 위에서의 우리의 생활도 달라졌다.

'빨리 빨리'를 노상 입에 달고 살고, 컵라면은 1분이면 오케이라고 광고하고, 피자는 식기 전에 배달해줄 수 있다고 호언장담한다. 그리고 '퀵서비스'. 우리의 시간을 지켜주기 위해 이 시대의 용사들이 도로 위를 질주한다. 또 '학교 종이 땡땡땡 어서 모이자' 같은 노래 가사처럼 시간을 알리는 종소리와 숫자가 우리를 지배하게 되었다. 우리의 몸과 마음의 준비가 어떠하던 간에, 정해진 시간이 되면 무엇을 시작해야 하고 끝내야 한다. 결과적으로 가시적 성과 없이 시간을 차지하는 '과정'은 불필요해졌다.

그런데 근래 이 '과정'에 대해 다시 생각해 봐야 한다고들 한다. 영국의 한 다이어트 방송프로그램에서, 다이어트를 원하는 의뢰인을 상대로 전문가가 가장 먼저 하는 작업은 냉장고를 검사하는 것이다. 전자레인지로 데우기만 하면 되는 음식을 모두 없애기 위해서다. 그리곤 이제부터는 다듬고, 씻고, 조리하는 과정이 필요한 식재료들로만 냉장고를 채울 것을, 그러한 과정을 거쳐서 나온 음식만을 먹을 것을 권한다. 아니 명한다. TV는 의뢰인들이 처음에는 불편해하나 차츰 요리하는 시간을 즐기고 건강도 되찾는 모습을 보여준다. 다이어트의 방법으로 인스턴트 음식이 압축시켜준 시간을 다시 쫙쫙 펴고, 먹기 전 가져야할 요리라는 의식을 되찾을 것을 권하는 것이다. 스스로 먹을 것을 정하고 음식을 만들면서 내 몸이 음식을 받아늘일 순비를 하라는 거다. 그리고 공들여 음식을 준비했기에 빨리 먹어치울 수는 없다. 천천히 먹으면서 천천히 포만감을 느끼는 일. 다이어트의 기본이라고들 하지 않던가. 이렇게 음식을 만드는 시간은 금 같은 시간을 죽이는 부정적인 것만은 아니다. 몸과 마음을 잇는 시간이다.

과정이 사라지면서 우리의 몸과 마음은 분리되어 왔다. 유체이탈. 하루 동안 얼마나 많은 커피가 내 속으로 들어가는지, 내가 먹는 음식에는 뭐가 들어가 있는지 잘 모른다. 또 밥을 먹으며 일 생각을 하고 차를 타고 이동하면서는 다음 스케줄을 챙긴다. 이동량은 많지만 운동량은 없다. 이렇게 현재 몸이 하고 있는 일에 대해 우리의 마음은 모른다. 집중하지 못한다. 그러니 병이 난다. 몸과 마음 모두에. 그래서 '요리' 와 같이 우리의 몸과 마음을 합일 시키는 과정이 필요하다.

버스 창에 펼쳐지는 풍경에 상념을 겹치는 일은 몸과 마음을 잇는 일이기도 할 게다.

빠른 속도와 분절된 시간에 반기를 드는 느림의 미학이라는 게 그런 것일 게다. 한발 한발 걸음을 옮기면서, 하나하나 내 손으로 만지면서 느끼고 의식하는 일. 모든 감각을 생생히 살려 일상을 살아내는 일. 들고 나는 호흡에, 먹고 자고 걷는 단순한 일들에 집중하면서 즐거움을 찾는 일. 그래서 자기 응시 속에서 마음과 몸의 흐름을 알아채 보살피는 일. 이는 또 근래 걷기, 명상 같은 단어들이 유행하는 이유이지 않을까.

> '나 자신이 나인 것은 오직 이 세상과 타인들의 자극 리듬에 맞추어 내 몸이 각성하고, 그 몸이 점차 섬세한 생리적·정신적 신경장치가 되었기 때문이다. 내가 실제 세상에 들어가 있는 것이 몸의 존재 때문이라면, 올바른 사유 활동은 몸이 끊임없이 겪는 도약과 경련에 주의를 기울여야 한다. 그런데 세상을 향한 몸의 첫 번째 표출은 걷기라는 단순한 행동으로 이루어진다.'
>
> - 크리스토프 라무르의 책 『걷기의 철학』 중에서

몸과 마음을 잇는 시간, 공동의 리듬을 찾는 시간

그렇다. 앞 두 사진의 사이에 있던 것은 그러한 과정, 몸과 마음을 잇는 그러한 시간이다.

몸과 마음을 잇는, 이 둘이 공동의 리듬을 찾는 과정과 시간이 그 사이에는 있었다. 바로 본론으로 들어가지 않았다. 설계가에게는 일을 빨리 끝내는 것이 중요하다. 노고를 줄일 수 있기 때문이다. 그러나 주민들에게는 새로운 공간을 받아들일 수 있는 시간이 필요하다. 그래서 주민들의 부정적 반응이 좀 두려웠지만 찾아뵙고 의견을 여쭈었고, 주변에 사는 이들을 부르고 지나는 이들을 붙들어 그림을 그리고 함께 나무를 심었다. 또 공사를 끝내고는 돼지저금통이라도 앞에 두고 막걸리를 따르는 의식을 치렀다. 그렇게 과정 하나하나를 함께 꾹꾹 짚었다.

그러한 시간이 주민들에게 공간에 대한 추억을 만들어 주기를, 공간의 공동체적 의미를 되새길 기회가 되기를 기대하면서. 그래서 그들이 이 작은 공간에 대해 애정을 갖게 되기를 바라면서. 장비, 관우, 조자룡의 개장식 참석이, 술과 싸움이 사라진게 이런 기대와 바람의 결과라면 너무나 행복한 일이다. 그리고 이는 한평공원 프로젝트가 아주 작은 공간을 다루면서도 주민들과 함께 뒹굴며 반년 이상의 시간을 공들이는 이유다.

파고라 기둥에 붙은 현판에는 다음과 같은 글귀가 있다. "우리의 약속. 첫째 술 마시지 않기, 둘째 늦은 시간에 시끄럽게 하지 않기, 셋째 옆에 앉은 사람, 옆 동에 사는 사람에게 피해주지 않기." 풍경의 외양(몸)만 바뀐 게 아니었다. 그들의 마음도 변했다.

우리의 풍경 또한 다양한 삶의 기능들이 얽혀서 시간을 두고 천천히 변화해야 하는 유기적 복합체이기에 그런 과정의 시간이 필요하다. 순전히 사람의 힘으로만 집을 짓던 시절, 커다란 기둥이며 서까래까지 일일이 다 사람의 힘으로만 하던 시절, 상량을 올리는 날 상량제를 올리고 공사를 마치면 고사를 지냈던 것처럼. 오늘날에도 풍경이 새롭게 변함을 알리고, 그 과정에서 모두가 무사하기를 기원하고, 또 새로운 풍경과 천천히 친해질 기회를 갖는 의식과 절차의 과정이 필요하다. 그렇지 않으면 탈이 난다. 우리의 몸과 마음이 그러하듯이, 청계천의 고가를 없애고 하천으로 복개하면서 나타났던 여러 호소의 목소리들, 4대강 진행에 대한 여러 불만들, 종로의 사라지는 피맛골에 대한 아쉬움이 증거가 아니겠는지. 이 외에도 어떠한 준비도 없이 맞이해야 했던 풍경의 변화로 마음이 헛헛해지는 일, 우리의 진심을 담아 내지 못하면서 겉만 번지르르해지는 풍경으로 소외감을 느끼는 일은 너무나 많았다.

그랬었다. 많은 이들이 청계천 복원(몸의 변화)에 마음의 준비가 되지 않았다고 호소했다.

물론 그 과정은 오늘날에 맞아야 하며, 거기에도 문제는 있을 수 있다. 어떠한 과정이든지, 우리가 주인이 되지 못하고 끌려 다닌다면 문제가 되는 건 당연한 일이니까. 그러나 신상한 우리 삶을 위해서는 미친 속도를 일단 막고, 풍경을 함께 즐기는 시간이 필요하다. 우주를 품은 작은 씨앗의 싹을 틔우는 것도 궁극에는 시간이므로.

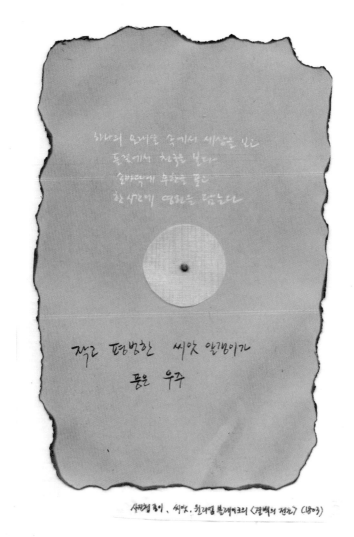

"작고 평범한 씨앗 알갱이가 품은 우주", 사진첩 종이, 씨앗, 윌리엄 블레이크의 〈결백의 전조〉(1803)(ⓒ유다희)

우주를 담은 씨앗을 싹틔우기 위해서는

하나, 씨앗을 담을 토양
둘, 맨손으로 가꾸는 농부의 정성
셋, 새싹을 기다리는 시간

우주를 담은 씨앗을 싹틔우기 위해서는(ⓒ유다희)

13

광화문광장의 북한산,
도시 풍경 공식의 상수 '산'

스펙터클과 상징이라는
광화문광장 풍경 공식의 변수

아이들을 끌어 모아 웃음소리
를 만들어내던 광화문광장의
바다 분수가, 이 글을 쓰고 있는 10월 말엔 좀 춥다. 껐으면 싶다. 그런데 저 바닥
분수마저 꺼지면, 광장 한쪽을 흐르는 물길도 제 역할을 하지 못하게 되면, 저 넓
디넓은 광장에는 무엇이 남을까? 서울시가 다양한 이벤트를 기획하지 않는다면
시대의 인물이셨던 이순신 장군과 세종대왕 두 분만 덩그러니 남을 상황이다.
둘이 대화라도 오순도순 나누며 추운 겨울을 조금이라도 훈훈하게 보내면 좋으
련만, 그리고 그 대화가 광장을 걷는 우리에게도 전해진다면 좋으련만, 안타깝
게도 두 분은 서로 마주하고 있지 않으시다. 게다가 너무나 위엄 있게 앉아 계시
거나 서 있으셔서 좀처럼 말씀들을 나누진 않으실 듯하다. 광화문광장의 겨울이
걱정된다. 생각만 해도 춥고 스산하다.

저 분수가 꺼진 겨울에는 무엇이 이 광장에 남을까?

이렇게 비꼬아 광화문광장의 겨울을 걱정하는 건, 이런 오지랖 넓은 걱정을 하는 건, 광화문광장의 디자인 언어에 불만이 있어서다. 이곳의 디자인을 말하며 떠오르는 단어는 '스펙터클과 상징'이다. '분수 12 · 23'은 자그마치 68m 길이에 17m 폭을 지닌다. 그리고 여기에는 높이 18m에 이르는 직사분수 228개와 2m의 거품분수 136개가 있다. 또 역사 물길은 365m나 된다. 학창시절 100m 달리기를 뛰었던 기억을 떠올려보면 상당한 규모이다. 개장 첫해 깔렸던 플라워 카펫은 길이 162m에 폭 17.5m로 224,547송이나 꽃이 심겨졌었다. 2009년 한글날에 세워진 "세종대왕"의 동상도 마찬가지라 그 크기가 어마어마하다. 광장을 조성하는 이들은 구경거리를 내세워야 생색낼 수 있을 것이고, 블록버스터 영화도, 테마파크도 구경거리로 승부하고자 한다면 거대해야 제 맛이니까. 그래야 또 '서울'이라는 도시의 위신도 선다고 생각 할 테니.

　　그런데 자료를 찾아보니 위의 숫자들은 그냥 나온 숫자가 아니다. '분수 12 · 23'은 명량대첩에서 왜선 133척을 맞아 대승을 거둔 '12척'의 배와 '23전 23승'이란 불패신화를 이룬 충무공의 기상을 스토리텔링으로 표현한 것이란다. 또 플라워 카펫 224,547송이 꽃은 조선의 한양 천도날짜인 1394년 10월 28일부터 광화문광장 개장일인 2009년 8월 1일까지의 날짜수를 계산하여 맞춘 것이라고 한다. 역사 물길에는 617개의 돌판에 주요 역사적 사실들이 새겨져 있는데, 이는 1392년 조선 건국 이래로 2008년까지의 지나온 햇수를 상징한 것이고, 세종대왕 동상 기단 후면부에 있는 열주 6개는 세종대왕의 북방 6진 개척을 의미한단다. 워낙에 역사적인 공간이니, '상징'이라는 장치가 필요하긴 하나, 고작 '숫자'뿐이던가 싶어 아쉽기도 하다.

그런데 다행히도 북악산이라는 상수

그런데 해치 광장을 걸어 나오면서 모든 불만은 사라진다. 탐방로 출입구가 프레임이 되어 시야로 들어오는 '북. 악. 산.' 해치 광장의 경사로를 따라 서서히 위쪽으로 오르다보면, 북악산은 자세를 조금씩 낮추어 우리에게 다가온다. 그리고 앞으로 나아갈수록 북악산은 구체적으로 그러나 더욱 담대하게 자신을 드러낸다. 더 이상 다가갈 수 없는 곳까지 가 왼쪽과 오른쪽으로 고개를 돌리면 주산인 북한산의 산세가 첩첩이 이어져 우리의 도시를 에워싸고 있는 풍경을 볼 수 있다. 더불어 경복궁 건축물들의 지붕선과, 가을이라 붉어진 나무들과의 조화라니.

해치 광장을 나와 북악산을 바라보며 걷다.

저 외국인도 북악산의 가치를 알아 본 듯하다.

광화문광장의 숫자들이 그 무엇을 상징한다고 해도, 납득하기 쉽지 않다. 소통되지 못하니 궁극적으론 상징이 되지 못한다. 신이 사라진 시대, 상징의 운명이란 원래 그러하니까. 하지만 북악산은 상징 그 자체다. 백두대간에서 뻗어온 한북정맥이 삼각산(북한산)과 북악산까지 이르고, 북쪽 북한산 백운대와 정궁인 경복궁, 남쪽 관악산 연주대를 잇는 축을 바탕으로 광화문과 정궁이 세워지고 육조거리를 만들었기 때문이다. 그래서 우리는 광화문광장이 있는 세종로에서 북악산을 정면으로 응시하면서 세종로가 왜 거기에 그렇게 있는지, 경복궁이 왜 저렇게 자리 잡고 있는지 그냥 알게 된다.

600년 전 누군가도 이 자리에 서서 북악산을 바라봤을 것이다.

186

600년 전, 누군가도 나와 같은 자리에 서서 같은 북악산을 바라봤을 것이다. 허리를 꼿꼿이 세워 사방을 둘러보며 번잡한 일상을 잊었을 테고, 북악산으로 북한산으로 그리고 저 멀리 멀리로 이어져 무한이 오는 곳, 우주의 세계를 그리워했을 것이다. 또 자질구레한 일상이 사라지는 밤, 대범한 덩어리로 더 담대하게 다가오는 북악산을 보며 하루를 마감했을 것이다. 생각만 해도 가슴이 뭉클하다. 광화문광장에 대한 이러저러한 트집도 하찮아 보이고 세종대왕과 이순신 장군이 맞을 겨울에 대한 걱정도 괜스럽다. 오랜 세월 변함없이 이곳의 변화를 묵묵히 내려다보았을 북악산이니, 지금의 디자인은 어떠하더라도 북악산이 존재하는 한, 아주 잠깐의 문제가 될 뿐이니. 그 앞에서 우리 스스로 한계를 느끼는 것, 그야말로 북악산이 갖는, 자연과 역사가 갖는 중요한 역할일 게다.

산은 풍경 공식의 변수가 아닌 상수이어야 한다

우리나라에는 산이 많다. 백두산과 한라산, 금강산과 설악산, 지리산과 계룡산같이 높고 빼어난 산들도 많다. 그래서인지 그것들은 민족정신과 고향이요 민족정기의 뿌리 같은 것으로 이해되었다. 옛말에 '知者樂水 仁者樂山'이라 했는데, 똑똑함보다 어질함을 추구했는지 몰라도 '산을 우러러보았고, 산을 좋아했으며 산을 즐겨 찾았다'(전광식, 2010). 그래서 또 당연히 많은 예술작품에 산이 있다. 백제시대의 유물인 '산수문전'에서는 둥그런 산들이 주산主山과 객산客山을 이루는 삼산형三山形 연봉連峰이 겹겹이 펼쳐진다. 그리고 겹쳐진 산 사이사이로는 소나무들이 숲(이선, 2006)을 이룬다. 또 다른 백제시대의 유물인 '백제금동대향로'에서는 평면적으로 늘어선 산수문전의 산들이 입체적으로 형상화되어 있다. 솟은 산은 세 겹 내지 다섯 겹을 이루고 그 골짜기에는 갖가지 사람과 동물의 형상이 정교하게 조각되어 있다. 또 '산' 하면 겸재의 산수화도 빼

'산수문전'의 삼산형 연봉

'금동대향로'는 산수문전의 산들이 입체화된 듯하다.

첩첩이 이어지는 산의 풍경에서 금동대향로와 산수문전을 떠올리는 건 우연이 아닐 게다. 영주의 선비촌에서

놓을 수 없다. 중국풍의 관념산수화를 던져버리고 진경산수화를 추구한 겸재謙齋 정선鄭歚의 대표작 〈인왕제색도〉와 〈금강전도〉. 〈인왕제색도〉는 비가 개인 뒤 인왕산의 산색을 한 폭의 병풍처럼 그린 작품이고 〈금강전도〉는 금강산 유람을 하면서 그린 것이다.

그러므로 당연히 삶터를 기획하는데 있어서, 다시 말해 삶의 풍경에 있어서 산은 항상 고려되어야할 상수였다. 변수가 아닌 상수. '배산임수'라 해서, 바람을 막아주는 산을 뒤로하고 앞에 물을 두는 일은 상식이었고, '안대案帶'라고 해서 건물마다 고유한 산이나 봉우리를 바라보도록 했다. 영주의 부석사 무량수전에서 부처님께 인사를 드리고 댓돌 위 신발을 신으며 고개를 들면 안양루安養樓 뒤 멀리, 켜켜이 이어지고 이어지다 구름과 하나 되는 산을 볼 수 있다. 그리고 시선을 당겨 안양루를 그 풍경 속에 넣으면 내가 발 디뎌 올라섰던 안양루가 혹시 허공에 떠 있는 건 아닌가 의심이 든다. 다시 몇 걸음 걸어 나가 시선을 돌리면 안양루의 지붕과 기둥 사이로 보이는 산과 구름에 또 다른 멋이 있다. 부석사는 측면에서 봐야 아름답다고들 한다. 건물의 축의 어긋남 때문인데 무량수전에서 안양루는 정남향, 그리고 안양루 아래서부터 범종루, 천왕문으로는 서남향이다. 무량수전과 안양루는 제일 가까운 안산案山 역할을 하는 봉우리를 바라보고, 범종루는 광활하게 펼쳐지는 소백의 겹겹능선 중 제일 우뚝한 도솔봉을 바라보기 때문이다. 즉 서로 다른 안대를 취하고자 했던 것이다. 산에 대한 욕심이 많다고 해야 할지, 어찌되었건 산에 대한 각별함을 볼 수 있다.

'산'은 들녘과는 다른 곳이다. 들녘이 인간이 사는 속세라면 '산'은 신의 공간이고 자연이다. '이 곳'의 원리가 아닌 '저 곳', 우주의 원리로 움직이는 곳. 그래서 자연은 우리에게 알 수 없는 곳이었다. 서양에서 그 알 수 없음은 두려움이었고 그래서 극복되어야 할 대상이었다면, 우리에게는 그래서 신성한 곳이었다. 우리의 언어로는 설명하기 어려운 일들이 일어나는 곳. "에이 그게 말이 돼?"라고 물을 수 있는 것들이 '산'이라는 단어 앞에서는 가능했다. 산신령이 나타나

산과 하나가 되는 하늘을 배경으로 서 있는 안양루가 혹시 허공에 떠 있는 건 아닌가 의심이 든다.

저 멀리 산과 구름이 있기에 부석사의 풍경은 더욱 아름답다.

북악산을 바라보자, 산을 바라보자(ⓒ유다희).

우 연 한 풍 경 은 없 다 **191**

은도끼, 금도끼를 줄까 하고 물어보기도 하고, 나무꾼이 선녀의 옷을 숨긴 곳도 산이다. 이렇게 우리에게 산이라는 자연은 두려우면서도 친근한 곳이었다.

이런 산에 대한 동경은 오늘날 교가에도 그대로 반영된다. 어디 산의 정기를 받지 않은 학생들이 이 대한민국에 있겠는가? 내가 다녔던 중학교의 교가는 '목멱산 영험 어린 정기를 받아'로 시작했다. 학교 뒤에는 매봉산이라는 작은 산이 있었는데, 교장 선생님은 매봉산은 부족하다 싶으셨는지 매봉산과 연결된 목멱산(남산의 옛말)을 끌어오셨다. 보이지도 않은 남산이 교가에 등장하는 게 억지다 싶었는데, 지금은 아파트에 둘러싸여 그 매봉산마저 보이지 않는다.

이렇게 우리의 교가는 그 맥락을 잃어가고 있다. 산들이 사라지고 있기 때문이다. 아니 있지만 우리의 삶에서, 시야에서 사라지고 있다. 더 이상 산신령이 등장하는 이야기가 만들어지지 않듯이, 산을 보기가 점점 어려워지고 있다. 건물에 가려지고 우리의 바쁜 일상은 고개를 들어 산을 볼 조금의 겨를도 주지 않는다. 그래서 언젠가는 우리의 교가에서도 사라질 것이다.

어느 주택가 골목, 어떤 사무실에서 우연히 산을 만나게 되면 거기 사는 이들이, 거기 일하는 이들이 부럽다.

이에 대한 안타까움으로 요즘은 각 도시마다 경관계획을 하면서 '산으로의 조망'을 중요시 한다. 산이 잘 보이는 지점(조망점)을 찾고, 그곳에서 산이 잘 볼 수 있도록 거치적거리는 것들을 가능한 한 두지 못하게 한다. 그래서 건물의 높이와 모양을 제한한다. 산이 다시 도시의 풍경 공식에 등장하기 시작한 것이다. 어떻게라도 산을, 우리의 자연을, 우주를 우리의 삶에 가까이 두고자 하는 노력이다.

우리의 산들이 가려질 만큼 다 가려진 지금에서야 이런 계획이 이루어지는 것이 아쉽기도 하고 그 내용이 단편적으로 보이기도 한다. 그러나 산은 계속 거기에 있을 터이니 지금부터라도, 산을 다시 만나자. 대한민국의 각종 산의 정기를 받고 태어난 우리인데, 매주 월요일 아침이면 땡볕 아래에서도 이를 자랑스럽게 소리 높여 노래 부르던 우리인데, 산을 못보고 살면 어디 되겠는가.

한 지하철역에서 만난 시는 우리가 왜 산을 보고 살아야 하는지를 간단하게 정리해준다.

14

을지로 맥주의 거리,
파편화된 도시 속
어루만짐의 풍경

을지로 맥주의 거리, 퇴근 후 한잔!

여름 끝 무렵, 퇴근 후 찾은 그 거리는 예상치 못한 곳에 있었다. 낮에는 시끌시끌 제 할 일을 충실히 했을 인쇄소 골목이지만, 사람도 기계도 하루의 노동을 끝내고 휴식에 들어가는 시간이라 그런지, 상가들의 문은 거의 닫혔고 골목길 입구는 어둑어둑했다. 골목 안으로 더 들어가도 별 다른 게 있을까 싶었지만, 어느 모퉁이를 들어서자 별천지가 나타났다. 환한 불빛과 길에 놓인 파란색 플라스틱 테이블들, 두런두런 이야기를 나누는 이들, 술렁술렁 술을 마시는 이들, 소곤소곤 속삭이는 연인들. 바쁘게 맥주잔이 배달되었고 주문받은 자리에서 직접 골뱅이 통조림의 뚜껑을 따 파무침에 섞어주는 소박한 퍼포먼스가 펼쳐지고 있었다. 재미와 골뱅이의 양을 속이지 않고 있다는 신뢰를 주기 위한 마케팅 전략일 터.

을지로 퇴근 후 한잔의 풍경(ⓒ김해경)

팝업스페이스!

생맥주다 치킨하면 떠다르는 건?

전국민의 열광의 관심으로 전국의 생맥주 치킨집이 '오늘의 맛집으로 동시대

함께바에 몰려들 밤...

그렇다. 워드컵 시즌이다!

'Oh! 팝업코리아'다 '생맥주치킨의 추억'

팝업스페이스, 전국 오늘의 맛집(ⓒ유다희)

그런데 이 술렁술렁한 풍경은 그리 오래 가지 않았다. 다른 유흥지역과는 달리 빨리 문들을 닫았다. 11시가 되자 종업원들은 자리를 정리하라고 종용했고, 12시가 되기 전에 문을 닫았다. 그런데 굳이 독촉하지 않더라도 많은 이들은 맥주 한두 잔을 하고는 일어났다. '아침 7시 경에 배달된 맥주는 그 날에만 판매. 영업이 끝난 후 바로 맥주라인은 오존 살균 세척. 맥주잔은 냉동 보관해 온도를 3.5도로 유지. 탄산가스 방출을 방지하기 위해 거품을 1/5 정도 채우기' 같은 그들 나름의 엄격한 품질 관리가 있기는 하지만 주변에 2, 3차로 돌 다양한 술집이나 그럴듯한 노래방도 없는 이곳을 찾은 이유가 퇴근 후 한잔이라면 그럴 법도 하다 싶다. 무슨 TV 방송 프로그램에 나간 이후 구경 삼아 오는 이들도 있지만, 원래는 이 근방에서 일하는 이들의 아지트인 셈.

Food Scape, Who's Scape?

이렇게 특정 음식이 거리를 지배하는 곳이 많다. 이를 갖고 우리는 말놀이를 해볼 수 있다.

을지로 → 맥주의 거리	신당동 → 떡볶이
오장동 → 함흥냉면	장충동 → 족발
남산 → 돈가스	미사리 → 까페촌

이 외에도 많은 장소와 음식의 만남이 있을 게다. 당신이 살고 있는 동네 주변으로는 어떤 만남이 있는가? 이런 만남은 과연 어떻게 이루어졌을까? 예전에도

물론 어떤 특정 지역과 음식과의 연관은 있었다. 강릉의 초당두부, 전주비빔밥, 안동의 식혜. 그런데 오늘날과는 다르다. 이전 관계의 함수는 '향토음식'의 차원에서 봐야한다. 음식은 재료가 중요한 만큼 지역별 특산물을 재료로 하는 음식이 유명해 지는 것이 일반적이었다. 그곳의 풍토에서 잘 자라는 식재료를 활용하거나, 풍토에 부족한 것을 보완하는 식으로 음식이 만들어졌다. 강릉의 초당두부는 바닷물을 간수로 쓰기에 독특한 맛을 내는 것이고, 전주의 비빔밥은 산과 들 바다가 모두 가까운 지정학적 위치가 반영된 음식이다.

그런데 오늘날은 좀 다르다. 풍토에 따른 식재료와 관련되지 않는다. 보관 기술이 발달하면서 때와 장소에 상관없이 음식을 즐길 수 있으니까. 대체로 흔히 원조라고 하는 한 음식점이 유명세를 타면 주변에 동종업체가 들어서 하나의 군을 형성하는 것이 수순이다. 하지만 이러한 해석은 2% 부족하다. 모든 유명한 음식점 옆에 동종업종이 생기지는 않을 테니, 집단적 수요가 있어야 가능할 테니, 우리가 단순히 차를 마시기 위해 차를 끌고 미사리나 양평까지 가지는 않기에. 음식 외에 그 무엇이 있기에, 동네에 음식 이름이 붙여졌을까?

글을 쓰고 있는 이는 신당동 근방에서 여고시절을 보냈다. 중간고사가 끝나고 신당동에 가면 같은 반 친구들을 반 이상 만날 수 있었다. 서로 다르게 무리를 지어서 '안녕! 내일 봐!' 해놓고는 모두 그곳으로 온 것이다. DJ DOC의 '허리케인 박'이라는 노래처럼 혹은 연예인들의 회고담에서처럼, 그곳에는 정말 유리로 된 뮤직 박스가 있었고 DJ도 있었다. 그들이 청바지 뒷주머니에 도끼 빗을 꽂고 있었는지는 잘 기억나지 않지만, 그들은 내가 다니고 있던 학교 선생님들의 별명과 특색을 모티브로 삼은 싱거운 농을 던졌다. DJ가 3학년 선배 언니와 사귀어서 학교 사정을 잘 안다는 그 나이 대에서 상상함직한 소문도 있었고. 여하튼 선생님들의 입장에선 그리 건전한 곳은 아니었다. 그래서 한번은 중간고사가 끝난 후 신당동에서 떡볶이를 먹은 모든 학생들이 반성문을 썼다. 반성문의 요지는 대부분 "오전에 모든 시험을 끝내고 집에 가는 도중 배가 너무 고파서

근처에 있는 신당동에서 떡볶이를 먹었습니다. 그런데 유흥업소인지는 꿈에도
몰랐습니다" 였다.

원조 마복림 떡볶이와 입가심으로 꼭 먹어주어야 하는 Soft Ice Cream

오랜만에 만난 그녀 떡볶이를 너무 조아해
찾아간 곳은 찾아간 곳은 신당동 떡볶이 집
떡볶이 한 접시에 라면 쫄면 사리 하나
없는 돈에 시켜봤지만
그녀는 조아하는 떡볶이는 제처두고
쳐다본 것은 쳐다본 것은 뮤직 박스 안에 DJ이라네
무스에 앞가르마 도끼빗 뒤에 꽂은 신당동 허리케인 박
아~아~~신당동 허리케인 박 뮤직박스 안에 허리케인 박
삼각관계!

- DJ DOC의 허리케인 박(신당동)

그랬다. 신당동은 그러니까, 단순히 떡볶이를 먹는 곳만은 아니었다. 물론 '즉석 떡볶이'라는 이름하에 그 자리에서 조리를 해 먹는 맛은 색달랐지만, 그 게 다는 아니었다. 시험기간에 쌓인 스트레스를 푸는 곳이었고, 근처 학교 남학 생들을 흘깃거릴 수 있는 곳이었고, DJ라는 어른들의 문화를 훔쳐 볼 수 있는 곳이었다. 그래서 자석처럼 신당동 떡볶이는 시험이 끝난 학생들을 끌어 모았 고, 우리는 말로 확인하지 않았지만 정서적 연대가 있었다. 그래서 이 근처에서 학교를 나온 학생들에게 신당동은 막연한 두근거림과 이탈의 즐거움을 주는 기 호가 된다. 물론 지금의 신당동은 다르다. "며느리도 몰라요"라는 광고가 전국 을 강타한 후, 꼭 근처의 학생들만 이곳을 찾는 게 아니게 되고 '타운'으로 거듭 나면서 관광버스가 드나들게 되었다. 가시적으로는 발전이지만, 글 쓰는 이에게 는 떡볶이만 남은, 텅 빈 기호가 된 셈이다.

신당동 떡볶이 거리는 '타운'으로 거듭났고 관광지가 되고 있다.

신당동처럼 장충동도 족발만 남았고 오장동도 냉면만 남았지만, 막 그것들이 어떤 정서적 기호로 자리 잡을 당시, 그곳의 특별함을 찾는 이들이 있었으니. 말놀이를 다시 해보도록 하자.

을지로 → 맥주의 거리 → 주변 인쇄소의 근로자들

신당동 → 떡볶이 → 주변의 청소년들

오장동 → 함흥냉면 → 전쟁 직후 동대문, 을지로, 청계천에 터를 잡았던 실향민과
그들의 자식, 손자

장충동 → 족발 → 1960년 장충체육관 건립 이후 프로레슬링, 복싱 등 경기를 보러왔던 이들

남산 → 돈가스 → 든든한 식사와 주차가 용이한 곳이 필요했던 택시기사들

미사리 → 까페촌 → 70~80년대의 정서가 그리운 이들

압구정동의 한 건물 풍경. 장소의 정서를 반영하던 지역은 브랜드명으로 존재하게 되었다.

삶의 분화 그리고 쓸쓸함

1794년에 프리드리히 힐러 Friedrich Schiller라는 이는 "이제 국가와 교회, 법률과 도덕은 갈기갈기 찢어졌다. 향락은 노동에서 분리되고, 도구는 목표에서 분리되고, 노력은 보수에서 분리되었다. 인간은 영원히 전체적인 것의 한 개별 부스러기에 묶인 채 스스로 하나의 편린을 구성하고 있을 뿐이다"라고 쓰고 있다. 200년 전에 이미 부스러기라고 평가되었으니 현재는 가루? 객쩍은 농담이다.

놀이에 대해서 진지하면서도 재치 있는 고찰을 하고 있는 한경애(2007)의 이야기처럼, 유기적 세계, 개인이 확실한 존재 양식이 되는 도시 생활 이전의 공동 생활 안에서는 나와 네가, 우리가, 노동과 놀이가 함께 뒤엉켜 굴러갔다. 노동 후에 놀이가, 놀이 후에 노동이 따로 있는 게 아니라 놀이가 노동 안에 있어 삶을 생기 있고 리드미컬하게 만들어 주었었다. 대표적인 것이 축제일 텐데, 농경민족이었던 우리나라에서 1년은 반복되는 세시풍속들과 맞물려서 돌아갔다. 설이나 단오, 추석과 동지처럼 지금까지 남아 있는 큰 명절들뿐 아니라 갖가지 마을제와 굿이 있었다. 이런 축제는 신에게 바치는 제사이자 세계의 풍요로움에 감사하는 잔치였고, 고된 노동을 신명나게 풀어내는 한바탕 푸짐한 놀이였다. 일상적이고 규칙적인 생활은 전복되고, 삶은 엄청난 에너지로 부풀어 올랐다. 어마어마한 양의 음식이 탕진되고, 말과 고함, 노래와 잡담과 수다가 한데 뒤섞였다. 한껏 고양된 생의 충만한 에너지는, 축제가 멈춘 일상에도 흘러들어 일상에 탄력을 불어넣었을 것이다.

그러나 산업화의 시작과 함께, 공유 노동 대신 임금에 기초한 개별 노동이 강화되면서 노동에 놀이가 섞이는 일은 철저히 근절된다. 즐거우면서도 생산적일 수 있는 여러 활동, 놀이와 섞여 리듬을 타던 노동은 사라졌다. 또 전문화가 빠르

한 지역축제에서의 눈요기 장치

일상과 총체화되지 못한 지역의 축제에서 노래자랑,
행렬, 민속놀이는 필수 아이템이 되었다.

게 진행되면서 많은 직업이 반복적이고 일차원적인 활동으로 바뀌고 있다. 창의성이 필요하지 않은 것은 말할 것도 없다. 이는 블루칼라뿐만 아니라 화이트칼라도 마찬가지. 틀에 박히고 기계화되기는 매한가지. 사회학자 기든스Anthony Giddens의 좀 과한 표현을 빌리자면 '일반적인 읽고 쓰는 능력 외에 특별한 기술을 서의 요구하지 않는' 일들도 많다. 그래서 일을 통해서 각자가 지닌 창조력과 독창성을 발휘하고, 자아를 실현할 수 있는 경우는 그리 흔하지 않다. 파리에서 택시기사였던 홍세화는 먹고사는 일을 통해서 자아를 실현할 수 있다면 특권층이라고 했을 정도다. 이제 '노동'은 목적을 향해 달리는 고통스럽고 맹목적인 과정이며, 추방되었던 '놀이'는 화려하게 포장된 '여가용 상품'이 되어 돌아왔다. 축제도 마찬가지다.

가을이면 다양한 축제가 여기저기서 열린다. 전문가가 개입되어 축제의 장은 꾸며지고 다양한 프로그램도 마련된다. 애드벌룬은 하늘에 둥둥, 거리거리 플래카드도 나풀나풀. 강이 있는 지역은 강에 흔들다리를 띄우고, 가을이니 국화로 조형물을 만드는 곳도 많다. 또 놀이자랑이나 전통놀이, 행렬은 체험을 위한 필수 아이템. 그러나 우리네 노동의 리듬과는 무관하고, 일상과 총체화 되지 못하는 축제는 아무리 다름을 추구해도 여기의 축제나 저기의 축제나 엇 비슷하다. 그래서 저 물 위 부표 위 행군이, 생활이라는 터전에 단단히 뿌리박지 못한 우리네 축제에 대한 상징인 듯 해 쓸쓸하다.

어루만짐의 풍경,
일상에의 충실성

음식의 거리 풍경을 '어루만짐
의 풍경'이라고 불러본다. 고
종석의 말처럼 '어루만지다'는 한자어에 해당하는 '애무愛撫'와는 어감이 다르
다. '어루만짐'은 쓰다듬으며 만지는 행위 일반을 가리키지만, 애무는 성적 뉘
앙스를 품긴다. 뿐만 아니라 '어루만지다'는 애무와 달리 추상명사를 목적어로
취할 수 있어, '슬픔을 어루만지다', '허전한(지친) 마음을 어루만지다', '외로움
을 어루만지다'가 가능하다. 그래서 어루만짐의 풍경이란, 아침에 출근해서 하
루 종일 근무하고 저녁에 퇴근하는 규칙적인 삶에서 지루한 노동을 다한 후의
고단함과 허전한 마음, 소외되었던 감성을 어루만지는 풍경 아니겠는가.

다시 을지로의 맥주거리로 가보자. 저 40대의 아저씨들은 오늘 인쇄소에서
덮어썼을 먼지를 맥주 한잔으로 시원하게 씻어내는 듯하다. 그리고 또 저 쪽의
젊은 오빠는 새로 시작한 일이 흥미로운지 상기된 채 말이 많다. 그런가하면 저
쪽의 언니는 오늘 사장님한테 한 소리 들었는지 침울해 보인다. 인테리어 장식
이나 장소를 점유한 이들이나 어떠한 '척'도 없이 생활을 그대로 드러내는 이곳
은 너무나 소박하다. 그래서 또 애잔하면서도 애정어리다. 누군가는 시원스레
맥주를 들이켜고 또 누군가는 스트레스를 풀기 위해 매운 골뱅이무침을 꿋꿋이
먹으면서 세월과 세파에서 벗어난다. 신파조의 표현이라고? 가끔은 청승도 신파
도 필요한 법. 그러면서 일상에 대한 충실성을 다시 끌어올리고 그들만의 추억
과 이야기를 만드는 법. 그것이 다름 아닌 그들의, 우리들의 소박한 문화일 터.

그렇다면 장충동의 족발은 어떤 정서를 어루만지던 풍경이었을까? 그들은 음
식을 먹으면서 어떤 대화를 했을까? 그날 본 경기에 대한 관전평? 다음날 출근해
서 얼굴을 봐야 할 직장 상사의 흉을 보지는 않았을까? 사모하고 있는 이의 마음
을 궁금해 하지는 않았을까? 삶의 무엇을 공유했을까? 앞에서 하던 말놀이를 또

한 번 연장시켜보자. 각자!

신당동 = 떡볶이 → 주변의 청소년들 → ⬚

오장동 = 함흥냉면 → 전쟁 직후 동대문, 을지로, 청계천에 터를 잡았던 실향민과

그들의 자식, 손자 → ⬚

장충동 = 족발 → 1960년 장충체육관 건립 이후 프로레슬링, 복싱 등

경기를 보러왔던 이들 → ⬚

남산 = 돈가스 → 든든한 식사와 주차가 용이한 곳이 필요했던 택시기사들 → ⬚

미사리 = 까페촌 → 70~80년대의 정서가 그리운 이들 → ⬚

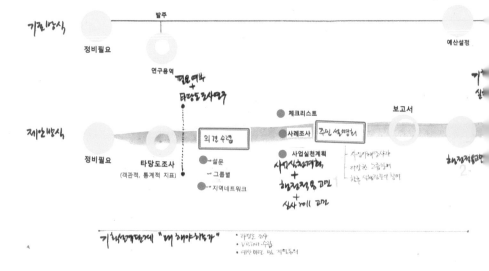

그런데 글을 마무리 하는 시점에서, 괜한 걱정이 든다. 만약에 을지로의 맥주 거리를 특화하는 프로젝트가 내게 떨어지면 어찌해야 하는가? 깊숙이 배인 생활의 내음을 우리네 전문가적 언어 속에서 어떻게 받아주어야 하는가? 나 또한 텅 빈 기호의 생산에 한 몫 하게 될런가? 이 어루만짐의 풍경을 어떻게 대해야 할까?

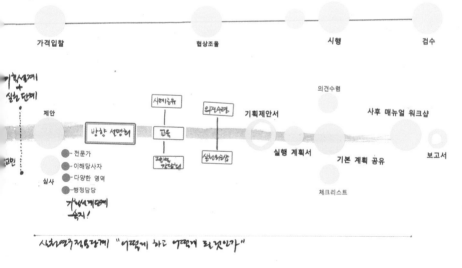

좀 더 나은 지역과 관계를 담는 프로세스를 향하여(ⓒ유다희)

15

선유도공원,
풍경에의 참여

무한급수적 시선

날씨 좋은 초가을 주말의 선유도공원. 많은 이들이 사진을 찍고 있다. 가장 먼저 용기를 내어 하트를 그렸을 연인은 과연 누구였을지 궁금해지기도 하고 적당한 필기도구를 미리 준비시키는 사랑의 힘을 감탄하게 만드는 낙서판, 이곳이 섬이라는 곳을 다시금 깨닫게 해주는 시원한 한강, 기존 정수장 시설을 활용했다는 어린이 놀이시설, 콘크리트와 초록 풀의 대비, 조형성이 뛰어난 어린이들의 물놀이장. 그야말로 어디에다 사진기를 대도 작품이 될 것 같은, 아니 작품을 만들 수 있을 것 같은 착각을 하게 한다. 만화 속 주인공을 흉내낸 코스프레 차림의 모델이 없더라도, 선유도공원의 풍경은 그 자체가 훌륭한 피사체인 것이다.

선유도공원에서는 어디에다 사진기를 들이대도 작품이 될 것 같은, 아니 작품을 만들 수 있을 것 같은 착각이 든다.

그런데 저 분은 무엇을 찍고 계신가? 카메라가 가리키는 곳을 보니, 저 아래 시간의 정원에 모델과 또 다른 카메라가 있다. 그렇다면 이 사진에는, 몇 개의 피사체와 시선이 있는 걸까?

먼저, 포즈를 취하고 있는 모델을 찍는 사진 작가, 그리고 멀리서 이 장면을 향해 렌즈의 초점을 맞추고 있는 이, 다시 이 모두를 사진으로 포착하고자 하는 글 쓰는 이. 세 대의 사진기가 있고 피사체도 세 개가 된다. 어쩌면 글 쓰는 이의 사진 찍는 모습까지 렌즈에 담으려는 이도 있을 수 있다. 그런데 이렇게 포착된 사진들은 여기서 끝나는 것이 아니다. 각종 포털 사이트의 블로그와 카페를 장식할 수 있다. 그래서 풍경을 향한 시선은 무한급수적으로 늘어난다고 할 수 있다. 멀리 갈 것도 없이 당신도 글 쓰는 이가 찍은 사진을 보고 있지 않은가. 이런 시선의 확장을 도식화해보자.

> 모델 〉 작가 〉 또 다른 작가 〉 글 쓰는 이 〉 ∞

풍경 자체가 사진의 주인공이 되고, 풍경을 포착하는 모습이 또 다른 풍경이 되고, 다시 온라인의 풍경을 이루어 여러 사람의 시선을 잡아내는 곳은 선유도 공원 말고도 여러 군데 있다. 서울의 개미마을, 삼청동 골목, 낙산공원과 그 옆의 이화마을, 대관령 삼양목장, 인천의 소래포구, 양수리 두물머리, 세미원, 통영의 동피랑 등등. 인터넷에서 '출사지' 라고 키워드를 입력하면 나타나는 곳들이다.

무한급수적 풍경의 재생산

그런데 풍경 자체가 사진의 주인공이 된 지는, 출사지라는 단어가 익숙해진 지는 그리 오래 되지 않는다. 작가의 작품 활동이 아니라면 보통은 배경이었다. 아래 어르신들의 사진찍기 처럼 말이다.

멋진 풍경과 함께 한 순간을 영원으로 간직하기 위한 일반적 사진 찍기

늦여름, 더 늦기 전에 바다를 마주하기 위해서인지 아니면 초가을을 맞이하기 위해서인지 일군의 어르신들이 소풍 옷으로 한껏 치장을 하시고는 나들이를 나오셨다. 시원하게 펼쳐진 바다에 감탄의 말씀들을 하시고는, 기념사진을 찰칵 찍기 위해 바다를 배경으로 대형을 만드셨다. 키 작은 아주머니들은 앞으로, 키 큰 이들은 뒤로, 여자와 남자의 비율노 맞추고. 물론 조용하게 이 의례가 이루어지는 건 아니다. 농은 필수다. 왜 큰 사람이 앞에 버티고 서 있냐느니, 내 얼굴 가리지 말라느니, 뜸들이지 말고 빨리 찍으라느니. 그리 썩 재미있는 농도 아닌 듯한데, 소풍 나온 들뜬 마음은 기꺼이 큰 웃음을 만들어 낸다.

우리가 멋진 풍경을 대하는 가장 일반적 방식이다. 풍경을 배경 삼아, '김치', '치즈' 하며 웃기도 하고, 사진 찍히는 순간의 쑥스러움을 무마하기 위해 V자를 만들기도 하는 사진 찍기. 지금의 순간을 영원으로 간직하려는 기록으로서의 사진 찍기.

그런데 디지털 카메라의 발전으로, 풍경은 배경에서 주연으로 등급했다. 짝! 짝! 짝! 물론 아날로그 사진의 시대에도 풍경 자체가 주인이 되는 일은 있었다. 그런데 전문가나, 소수에게 한정되었었다. 필름 값이나 인화비가 비싸니 일반인들에게 나나, 내 가족, 내 연인이 빠진 풍경은 큰 소용이 있지 않았으니까. 또 웬만큼 실력이 있지 않고서야 바다가 멋지다고 해서 사진까지 멋지진 않았다. 그런데 디지털 카메라는 결과물 자체가 이미지이기에 가격에 얽매이지 않고 무한정 찍을 수 있게 되었다. 또 기술의 발달로 노출이 자동화되고, 거리 조정도 자동으로 이루어질 뿐만 아니라 포토샵이라는 프로그램으로 부족한 카메라 실력을 보완할 수 있게 되었다. 덕분에 사진을 취미로 삼는 이들도, 이들이 발견한 출사지도 점점 늘고 있다.

이처럼 풍경이 주인공이 되는 일은 그 자체로 경관의 재생산이라 할 수 있다. 사진찍기가 단순히 물질적 작업만은, 주어진 풍경을 그대로 복사하는 것만은 아
212

선유도공원, 개미마을, 이화마을에서의
풍경의 재생산

니기에. 또한 순간의 감성을 기록하는 작업이며 의미의 작업이기에 그렇다. '다만 하나의 몸짓에 지나지 않던 것이, 내가 이름을 불러 주었을 때 나에게로 와서 꽃이 되는 것' 처럼, 내가 카메라의 렌즈에 담으면서 또 다른 의미가 된다.

여기에 더해 온라인에 사진을 올려 함께 공유하고 즐기는 일련의 과정 또한 풍경의 재생산이라 할 수 있다. 주말에 풍경이 좋은 곳을 돌아다니며 찍은 사진을 블로그나, 미니홈피 같은 개인 미디어에 올려 다른 이들과의 소통을 시도한다. 좋은 경관을 즐겼던 즐거움, 스스로 발견한 멋진 경관 그리고 나름대로 사진에 부여한 의미와 가치를 나누고 싶은 것이다. 또 많은 소셜 네트워크 속에서 공감을 얻는 즐거움도 쏠쏠하니까. 물론 요즘은 트위터나 페이스북에 동시간적으로 찍은 사진을 올리고 반응을 받는다. 그리고 사진을 보는 이들은 자신의 경험을 그 사진에 엎거나, 미처 알지 못했던 의미를 깨닫기도 하면서, 장소에 대한 어떤 경험을 사진 찍은 이와 함께 공유한다.

경우에 따라선 이미지로 풍경을 즐기는 것만으로 끝나지 않는다. 우리는 인터넷에서 발견한 인상적인 풍경을 '지금, 여기'에서 즐기고 싶어 찾기도 한다. 내 눈으로 확인하고 싶으니까. 우리의 인식범위는 촬영된 풍경 보다 넓어, 사진 속에 표현된 추위나 습기, 건조함 같은 감각적 요소들을 스스로 체험하고 싶으니까. 이미지의 외부, 그러니까 시각을 벗어난 무엇, 인식할 수 없는 그 무엇을 바라보고 싶기도 하니까. 그리곤 그곳에서 자신만의 사진을 다시 찍는다. 이것 또한 또 다른 방식의 풍경 재생산이다.

중첩된 풍경, 매력의 증폭

선유도공원과 서울의 개미마을, 삼청동 골목, 낙산공원과 그 옆의 이화마을은 출사지라는 공통점 이외에도 닮은 점이 또 있다. 출사족들이 이들 풍경에 개입하여 또 다른 풍경을 만들고 즐기기 이전, 이미 수많은 그리고 다양한 방식으로의 풍경에의 참여와 재생산이 있었던 것이다.

다시 이야기를 시작했던 선유도공원으로 되돌아 가보자. 선유도공원은 본래 선유봉이라는 작은 봉우리 섬이었다. 신선들이 노닐만큼 아름다워 '선유' 라는 이름이 붙여졌었고. 그러나 일제 강점기 때 홍수를 막고, 길을 포장하기 위해 암석을 채취하면서 깎여나가 '선유' 로서의 가치도 '봉' 으로서의 가치도 잃었다. 또 1978년부터 2000년까지 서울 서남부 지역에 수돗물을 공급하는 정수장으로 사용되면서 섬 자체가 기계덩어리가 되었었다. 그런데 다행히도 2000년 12월 정수장은 폐쇄되었고 현상설계공모를 거쳐 2002년 공원으로 개장되었다. 그리고 근대화의 산물인 정수장의 황폐화된 시설들은 철거되지 않고 공원시설로 적극적으로 이용되고 있다. 그렇게 해서 선유도공원은 조선시대의 경승지에서 정수장으로, 정수장에서 공원으로의 변화라는 과정을 거쳤고 풍경의 단면에는 이러한 궤적이 깊이 새겨져 있다.

선유도공원과는 다른 방식이지만, 또 다른 출사지들인 서울의 개미마을, 삼청동 골목, 낙산공원과 그 옆의 이화마을도 풍경에 풍경이 중첩되어 재생산된 곳들이다. 이 장소들은 아파트 건설의 물결 속에서 얼마 남지 않은 서울의 산동네들로, 한순간에 뚝딱 만들어지지 않았다. 시간을 담보로 조금씩 제 모습을 갖춰왔다. 먼저 적당한 곳에 집이 놓이고 거기에 맞춰 길이 만들어진 비계획적 형성. 그렇기에 거기에는 사람들의 의지와 필요 그리고 그들의 안목과 미적 감각이 어우러져 있다.

근대화의 산물인 정수장와 황폐화된 시설들이 철거되지 않고 공원시설로 적극적으로 이용되고 있다.

선유도공원은 조선시대의 경승지에서 정수장으로, 정수장에서 공원으로의 변화를 거쳤다(ⓒ유다희).

선유도공원에서 조경가들이 그랬던 것처럼 이들 산동네에서는 미술가들이 이런 풍경에의 참여에 화룡점정을 찍었다. 그들은 자신들의 시각으로 미적 가치를 찾아내 강조하고 재구성했다. 그러나 선유도공원에서 조경가들이 그러했듯이, 이들도 기존의 공간 질서를, 풍경의 존재 방식을 존중했다. 스스로의 존재를 드러내려 하거나 잘난 척 하려 하지 않았다. 풍경 속에 잘 녹아들도록, 자신들의 참여로 매력이 더욱 선명하게 떠오르도록 했다. 가까이 보면 그냥 여러 화려한 색이 칠해진 듯 보이지만 멀리서 보면 거북이가 되는 벽화는 거친 돌들이 어떻게 하나의 조합을 이뤄내는지를 강조해주고 있다. 또 작은 창을 통해 얼굴을 내민 동물들은 그림이 아니라 마치 벽 뒤 마당에 있을 듯 해, 대문을 열어 확인하고 싶게 한다.

전문가가 만든 완벽한 풍경에 내가 개입하는 것은 쉽지 않다. 나 없이도 완벽하니까. 내가 혹시 망칠 수도 있으니까. 그러나 이렇게 이미 여러 겹 포개진 풍경에 내가 개입하는 것은 어색하지 않다. 열려져 있기 때문이다. 전문가가 기획하

멀리서 보면 거북이가 되는 벽화는 거친 돌들이 어떻게 하나의 조합을 이뤄내는지를 보여주고, 저 동물들은 그림이 아니라 마치 벽 뒤 마당에 있을 것 같다.

고 완성한 공간과 달리 자기 완결성에 대한 욕심을 부리지 않았기에 주도적인 하나의 질서만이 있지 않다. 서로 다른 의도들이, 거기에서 비롯된 다양한 질서틀이 풍성만큼 중첩되어 있다. 그리고 중첩된 풍경의 단면이 이루는 스펙트럼은 너무나 풍요롭다. 그런 매력 덕에 주말이면 사진기 든 이들이 찾나보다.

그런데 따져보면 중첩을 통한 풍경의 재생산, 매체를 달리하며 이루어지는 풍경의 재생산은 지금의 이야기만은 아니다. 본래적으로 풍경은 덧쓰기를 거듭하면서 재생산되어왔었다. 이전에는 어떠한 것도 없었던 것처럼, 백지로 여기고 새로운 풍경을 새겨 넣는 방식의 역사는 그리 길지 않다. 또한 정원을 풍경화의 모습을 담은 형태로 조성하고, 정원의 모습 또한 풍경화의 화폭으로 재현하는 픽춰레스크picturesque처럼, 풍경은 매체를 달리하며 재생산되어왔다. 현대 기술의 발전 덕분에 재생산의 속도가 빨라지고, 대중과의 소통이 다채로워졌을 뿐.

많은 이들이 풍경에 참여하고 풍경이 배경이 아니라 그 자체로 소통되는 일은, 풍경을 실천의 매체로 삼고 있는 조경가로서, 공공미술가로서 기쁜 일이다. 풍경을 만들고 논하는 일이 일부 전문가 집단이나 행정에 국한되지 않고 진정한 주체인 대중으로 확대되었다 싶어, 함께 즐길 수 있게 되었다 싶어 그렇다. 그리고 이는 이 글이 이 책의 마지막이 되는 이유이기도 하다.

풍경에 눈길을 주자.
풍경을 즐기자.
풍경에 개입하자.
풍경을 사색하자.
풍경을 이야기하자.

중첩을 통한 풍경의 재생산, 매체를 달리하며 이루어지는 풍경의 재생산은
조경가와 공공미술가에게 기쁜 일이다(ⓒ유다희).

참고문헌

국내 도서

- 김연금(2007), "옥수동 AID 차관 재개발 정책실행 과정에 관한 연구", 서울학연구 (28), pp.101~131.
- 김연금 · 김해경 · 최기수(2009), "인사동 경관의 사회 구성론적 해석", 한국조경학회지 26(6), pp.91~101.
- 김연희(2004), 『인사동』, 김영사.
- 김용석(2009), 『서사철학』, 휴머니스트.
- 김현미(2005), 『글로벌 시대의 문화 번역』, 도서출판 또하나의 문화.
- 문광훈(2007), 『교감』, 생각의 나무.
- 박상미(1997), "전통, 권력, 그리고 맛: 인사동 거리의 음식문화를 통해서 본 지역 정체성의 형성", 『외대사학』 13(1).
- 박승진(2003), "탑골공원의 문화적 해석", 한국조경학회지 30(6), pp.1~16.
- (사)한국경관협의회(2008), 『인사동 10년(1998~2007) 평가와 전망』, 서울시.
- 서경식(2009), 『디아스포라 기행 - 추방당한 자의 시선』, 돌베개.
- 서울시(1991), 『도시계획연혁』
- 서울시정개발연구원(1996), 『서울시 주택개량 재개발 연혁연구』
- 서울시정개발연구원(2005), 『인사동 문화지구 외부평가용역』, 종로구.
- 성동구 옥수제1동(2000), 『옥수동 이야기』
- 유승훈(2009), 『아니 놀지는 못하리라 - 우리 놀이의 문화사』, 월간 미술.
- 이선(2006), 『우리와 함께 살아온 나무와 꽃』, 수류산방.
- 이소영(1999), 『지역문화와 장소마케팅 전략 수립에 관한 연구 - 서울시 인사동을 사례로』, 서울대학교 석사학위논문.
- 임승빈(1991), 『경관분석론』, 서울대학교 출판부.

- 장옥연(2004), 『소통과 협력을 통한 역사환경 보전 계획과정 연구 - 서울 인사동과 북촌 계획 사례』, 서울시립대학교 박사학위논문.
- 전광식(2010), 『세상의 모든 풍경』, 학고재.
- 정문수(2008), 『재현의 공간과 문화의 혼성』, 서울대학교 환경대학원 석사 학위논문.
- 정희진(2005), 『페미니즘의 도전』, 교양인.
- 한경애(2007), 『놀이의 달인, 호모 루덴스』, 그린비.

국내 신문 및 기타
- 경향신문(2008), "서울하면 떠오르는 이미지", 2008년 8월 13일자.
- 문화일보(1996), "화랑계 불황 잇단 전시장 축소 폐쇄", 1996년 11월 4일자.
- 문화일보(2006), "60, 70대 노인 콜라텍 전전…… 건전 교제의 장 마련 시급", 2006년 9월 19일자.
- 조선일보(1977), "서울 인사동 거리 학생가로 변모", 1977년 7월 16일자.
- 조선일보(1981), "노변박물관 인사동 전통과 현대가 함께 숨쉬는 유서 깊은 골동가", 1981년 10월 10일자.
- 중앙일보(1998), "가나화랑 이호재 사장 활로는 여기다", 1998년 2월 10일자.
- 중앙일보(1999), "인사동길 개발에 시민단체 등 반발", 1999년 11월 8일자.
- 한국일보(2000), "인사동 식당들 변화의 바람", 2000년 3월 13일자.

- 서울시립대학교(2000), 서울 영상 자료 CD.
- 2008년 서울관광종합가이드북.

- 국가기록원: www.archives.go.kr
- 서울시정개발연구원: www.sdi.re.kr/insadong, 2006년 접속
- 네이버 블로그 Camper Princh: blog.naver.com/nettill
- Banksy Wallpaper Backgrounds: www.banksy-wallpaper.com
- CHARLESGOLDMAN WORK: www.charlesgoldmanwork.com
- designboom: www.designboom.com
- The Free Play network: www.freeplaynetwork.org.uk
- MoMA PS1: www.ps1.org
- Public Art Fund: publicartfund.org

외국 문헌
- Carmona, Matthew et al(2006), *Public places Urban Spaces*, Oxford: ELSEVIER
- Carr, Stephen, Francis, Mark, Rivlin, Leanne G. and Stone, Andre M.(1992), *Public Spaces*, Cambridge University Press, Cambridge.

- CLOLORS Magazine(2006), *SIGNS*, Cologne: TASCHEN, p.133.
- Driskell, David(2002), *Creating Better Cities with Children and Youth*, London: EARTHSCAN.
- Edensor, Tim(2002), *National Identity: Popular Culture and Everyday Life*. 박성일(역),『대중문화와 일상, 그리고 민족 정체성』, 이후, 2008.
- Fishman, Robert(1987), *Bourgeois Utopias: The Rise and Fall of Suburbia*. 박영한 외(역),『부르주아 유토피아 - 교회의 사회사』, 한울, 2000.
- Garuda, Issac D.(2005), *The Pai Poems,* CreateSpace.
- Gehl, Jan(1987), *Life Between Buildings: Using Public Space*. 김진우 외(역),『삶이 있는 도시디자인』, 푸른숲, 2003.
- Giddens, Anthony(1992), *The Transformation of Intimacy: Sexuality, Love and Eroticism in Modern Societies*. 황정미 외(역),『현대 사회의 성 · 사랑 · 에로티시즘』, 새물결, 1996.
- Gill, Tim(2007), *No Fear: Growing up in a Risk Averse Society*, London: Calouste Gulebenkian Foundation.
- Gillis, John(2008), "Epilogue: The Islanding of Children-Reshaping the Mythical Landscape of Childhood" in Gutman, Marta and Ning de Coninck-Smith, eds., *Designing Modern Childhood*, RUTGERS UNIVERSITY PRESS.
- Kasper, Thomas(2006), *Paioneer: Your guide though Pai.*
- Manco, Tristan (2005), *Street Logos*, London: Thames & Hudson.
- Massey, Doreen and Jess, Pat(eds.) (2003), *A Place in the World? places, cultures and globalization*, Oxford: Oxford University Press in association with the Open University.
- PADCO(1977), *A case study of the Korean housing investment guaranty program 1971-1977.*
- Roe, Maggie(2006), "Making a Wish: Children and the Local Landscape", *Local Environment* 11(2), pp.163~181.
- Zeiher, Hartmut and Zeiher, Helga(1991), *Orte und Zeilen der Kinder: Soziale Leben im Alltag von Grossstadtkindern*, Weinheim/Munich: Juventa.

224